남극을 살다

남극을 살다
장보고기지 첫 월동 1년의 기록

지은이 | 진동민, 최태진 외 장보고기지 1차 월동대원 지음

1판 1쇄 인쇄 | 2016년 9월 20일
1판 1쇄 발행 | 2016년 9월 30일

펴낸곳 | (주)지식노마드
펴낸이 | 김중현

등록번호 | 제 313-2007-000148호
등록일자 | 2007.7.10
주소 | 서울특별시 마포구 양화로 133,1201호 (서교타워, 서교동)
전화 | 02-323-1410
팩스 | 02-6499-1411
이메일 | knomad@knomad.co.kr
홈페이지 | http://www.knomad.co.kr

가격 | 15,000원
ISBN 979-11-87481-07-2 03450

Copyright ⓒ 2016 극지연구소

남극을 살다

진동민, 최태진 외 장보고기지 1차 월동대원 지음

nomad
지식노마드

우리나라가 남극대륙에 처음 건설한 과학기지 장보고! 그곳에서 2014년, 약 1년 간의 첫 월동을 17명의 대원이 무사히 마쳤습니다. 남극세종과학기지(이하 세종기지)를 25년간 운영하고 나서 진출한 남극대륙! 그곳에서 처음 겨울을 지낸다는 것이 큰 자부심으로 대원들에게 다가왔습니다. 17명의 대원들 중에서 세종기지에서 적어도 1회 이상 월동한 대원이 11명이고 월동을 하지 않았지만 남극장보고과학기지(이하 장보고기지) 부지선정과정부터 참여했거나, 빙하시추연구를 위한 탐사활동에 참여한 남극 베테랑이 포함되었습니다. 하지만 누구도 이곳에서 월동을 하지 않아서 어떠한 상황이 발생할지 모르고, 건설도 처음 계획 보다 지연되어 기지가 완공되지 못한 상태여서 불안감을 갖고 시작한 월동이었지만 대원들 모두 건강히 무사히 임무를 마쳤습니다. 1차라는 대원들이 갖는 자부심과 불안감만큼 국내에서 장보고기지와 그곳에서 월동대가 어떻게 겨울을 보냈는지 관심이 많았습니다. 2014년 3월 17일 아라온 호가 철수하고, 밤만 지속되는 극야를 지나 10월 16일 이탈리아기지 선발대가 마리오주켈리기지에 들어오기까지 테라노바지역에서 오로지 월동대끼리만 생활을 해야 했습니다. 반경 350킬로미터 이내에 다른 사람들은 없었습니다. 그리고 그 반경을 넘어서더라도 극야기간 왕래는 거의 불가능에 가깝습니다.

장보고기지의 모습과 그곳에서의 생활에 관심을 갖는 많은 분들에게 이 이야기를 들려주고 싶었습니다. 그래서 장보고기지의 환경과 선정과정, 남극에서 다른 나라들이 운영하는 기지와 특히 장보고기지 주변에 어떤 기지들이 있는지도 소개하였습니다. 장보고기지에 설치된 주요시설과 함께, 연구장비를 중심으로 앞으로 기지에서 어떤 연구 활동을 하게 될 것인가도 소개하였습니다. 무엇보다도 월동과정의 주요 순간순간을 대원들의 눈으로 직접 기록하고 각자의 감회도 놓치지 않고 포함시키려 하였습니다. 특히, 기지에 투입되고 바로 진행된 준공식, 아라온 호로 건설단이 철수하던 때, 월동 초기의 기지 정리와 생활, 동지의 기지 모습과 오로라 관측, 해가 다시 돌아왔을 때, 하계시즌이 시작되던 상황 등을 대원들의 시각으로 담았습니다. 월동 중에 있었던 웃지 못할 재미있는 이야기도 생생하게 담았으며 100일 넘게 진행된 극야의 깜깜한 밤하늘과 추위 속에서 대원들이 가졌던 생각도 담겨져 있습니다.

낯설고 어려운 환경 속에서 생활하면서 이 책이 나올 수 있도록 적극 참여해준 대원들과 멀리 떨어진 고국에서 응원의 박수를 힘차게 보내준 대원 가족들에게 감사를 드립니다. 또한 월동보고서와 별도로 이 책이 발간될 수 있도록 지원해준 극지연구소에도 감사의 말을 전합니다. 기술적인 내용이 중심이 된 월동보고서와 별도로 생활과 환경에 대한 책을 만들고 싶었습니다. 그래서 장보고기지에서 연구 활동을 계획하는 연구자와 미래 월동을 준비하는 모든 분들을 포함하여 우리나라의 남극대륙 활동에 관심을 갖고 있는 모든 분들에게 도움이 되길 희망합니다. 더불어 보고서와는 별도로 이와 같은 책이 지속적으로 발간되길 기원합니다.

차례

1

남극장보고과학기지의 탄생

2단계 건설공사 종료 한 달 앞둔 2014년 2월의 장보고기지

남극에서 운영 중인 각국의 상주기지

1년에 얼마나 많은 사람들이 남극을 방문하며, 남극에서 겨울을 보내는 사람의 수는 얼마나 될까요? 그리고 남극에 가장 먼저 기지를 세운 나라는 어디이며, 가장 많은 기지를 운영하는 나라는 또 어디 일까요? 그에 대한 정보는 남극국가운영자회의(이하 COMNAP, http://comnap.aq)에서 찾을 수 있습니다. 2014년 2월 기준 COMNAP에 등록된 기지, 캠프 그리고 대피소는 모두 104개소입니다. 이중 장보고기지나 세종기지처럼 1년 내내 운영되는 상주기지(또는 월동기지)는 40개소 그리고 기지는 아니지만 캠프 1개소(세종기지 인근에 위치한 칠레 공군기지)가 연중 운영되고 있습니다. 공식적으로 등록된 월동 인원은 1,116명이며, 하계 기간 남극을 방문하는 인원은 4,460여명입니다. 이 인원은 남극에서의 연구 및 연구 지원을 위한 인력이며, 남극을 방문하는 관광객의 수는 빠져있습니다. 남극에서 운영되는 기지 중 아르헨티나가 13개소로 가장 많은 기지(상주 및 하계기지)를 운영 중

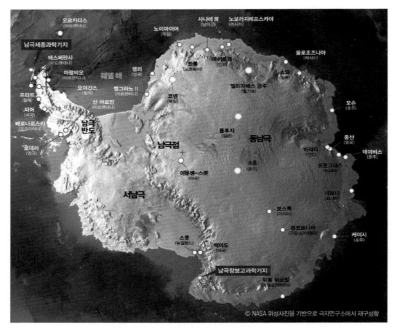

남극에서 운영 중인 각국의 상주기지

입니다. 가장 오래된 기지는 1904년 스코틀랜드의 남극기지를 인수하여 개소한 아르헨티나의 오르카다스기지입니다. 상징적인 의미로 지구상에서 가장 낮은 기온인 영하 89.2도(1983년 7월 21일 기록)를 기록한 곳에는 러시아의 보스토크기지(해발고도 약 3,500미터), 1년에 해가 한번만 뜨고 한번만 지는 남극점에는 미국의 아문센–스콧기지(해발고도 약 2,803미터), 그리고 남극에서 가장 높은 곳에는 중국의 쿤룬기지(해발고도 약 4,087미터)가 있습니다. 우리나라 최초의 남극기지는 세종기지(남위 약 62도)로 남극반도 주변 킹조지 섬에 1988년 2월에 준공되었습니다. COMNAP과 함께 남극을 대표하는 주요 국제 기구로 남극조약, 남극연구과학위원회가 있습니다. 세계 각국은 이들 기구에 가입하여 남극에서의 과학 활동과 환경보호를 수행하고 있습니다. 이들 기구에 대한 설명은 "더 알고 싶은 남극"에 나와 있습니다.

장보고기지의 탄생

장보고기지가 태어나기 전 우리나라에는 세종기지가 있었는데 왜 장보고기지가 필요했을까요? 그리고 장보고기지가 건설되는데 얼마나 많은 시간이 걸렸고, 어떤 일들이 있었을까요?

1988년 2월 준공된 세종기지는 남극에서 가장 북쪽인 남위 62도의 섬에 위치하여 빙하코어를 이용한 고기후 연구, 오로라를 포함한 성층권보다 높은 곳에서 발생하는 우주환경 및 고층대기 현상 연구 등 남극 고유의 연구가 불가능합니다. 이에 자연스럽게 남극 고유의 연구 수행이 가능한 고위도의 남극대륙에 기지를 건설해야 한다는 공감대가 형성되었고, 극지연구소에서는 정부의 지원을 받아 2004년에 기지 건설을 계획하기 시작했습니다. 그리고 2년 후인 2006년 본격적으로 기지 건설을 위한 행동에 들어갔습니다.

남극은 한반도의 약 62배(중국의 약 1.4배)가 되는 넓은 땅이기 때문에 어느 곳에 기지를 지을 것인가는 매우 많은 고민이 필요했습니다.

다양한 남극 고유의 연구를 할 수 있어야 하며, 또한 어렵지 않게 들어가고 나올 수 있어야 합니다. 주변에 다른 나라기지가 있으면 서로 도울 수 있는 장점도 있습니다. 연구소에서는 후보 지역을 크게 세 지역으로 정하고, 연구원들이 직접 현장을 조사하러 갔으며, 조사 지역 주변의 다른 나라 기지들이 어떻게 운영되고 있는지도 살펴보았습니다. 2007~2009년 복수의 후보지 조사를 수행한 후 2010년에 최종 두 곳(현재 장보고기지가 위치한 동남극 테라노바 만Terra Nova Bay과 서남극의 케이프 벅스Cape Burks)에 대한 정밀한 조사를 벌이게 되었습니다.

남극에 들어가는 방법은 쇄빙선을 이용하거나 비행기를 이용하는 방법이 있습니다. 하지만, 쇄빙선이나 비행기 운항은 정기적으로 이루어지지 않으며, 시기와 날씨에도 많은 영향을 받는 등 방문할 수 있는 기회는 매우 제한되어 있습니다. 우리나라의 쇄빙연구선 건조는 2009년 후반기에 완료되었기 때문에 그 전에 후보지 조사를 위해서는 다른 나라들 특히 쇄빙선 보유국의 지원이 절대적으로 필요했습니다.

2007년에는 호주의 지원으로 호주의 남극기지 세 곳을, 러시아의 지원으로 러시아의 남극 기지 4곳(이중 한 곳은 상륙하지는 못하고 쇄빙선에서 기지를 보기만 했다고 합니다)을 살펴볼 기회가 있었습니다. 2008년에는 러시아의 지원으로 러시아 기지 두 곳과 서남극 아문센 해를 조사할 수 있었습니다. 2009년에는 미국과 뉴질랜드의 도움으로 지금의 장보고기지가 건설된 곳을 방문할 수 있었습니다. 그림에서 알 수 있지만 후보지 물색을 위해 남극의 4분의 3을 이동한 셈입니다.

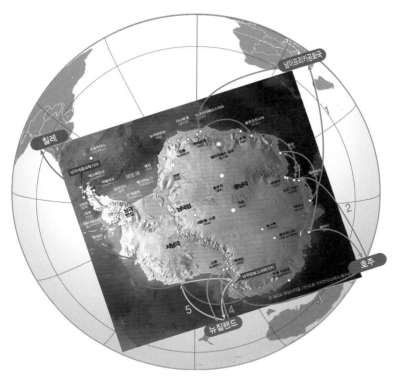

남극대륙에 위치한 외국기지 방문과 후보지 조사를 위한 이동경로

	방문기지	출발/도착지	기간	이동수단	방문자	목적
1	(러시아) 1. 노보라자레브스카야기지 2. 몰로데즈나야기지 3. 프로그레스기지 4. 미르니기지	남아프리카 공화국 케이프타운 왕복	2007년 2월 7일 ~3월 29일	러시아 쇄빙선 아카데믹 페도로프	김동엽 전 극지연구소 책임연구원 외 2명	외국기지 시설 견학 및 후보지 조사
2	(호주) 1. 데이비스기지 2. 모슨기지 3. 케이시기지	호주 호바트 왕복	2007년 2월 23일 ~4월 1일	호주 쇄빙연구선 오로라 오스트랄리스	정호성 극지연구소 책임연구원 외 1명	외국기지 시설 견학 및 후보지 조사
3	(1, 2만 러시아) 1. 레닌그라드스카야기지 2. 러스카야기지 3. 서남극 아문젠 해 카니스티오 반도 주변	호주 멜버른/ 세종기지	2008년 1월 16일 ~2월 20일	러시아 쇄빙선 아카데믹 페도로프	김동엽 전 극지연구소 책임연구원 외 13명	외국기지 시설 견학 및 후보지 조사
4	1. 동남극 테라노바 만 (미국 맥머도/뉴질랜드 스콧 기지 경유)	뉴질랜드 크라이스트처치 왕복	2009년 1월 2일 ~1월 5일	군수송기/헬리콥터	정호성 극지연구소 책임연구원 외 3명	외국기지 시설 견학 및 후보지 조사
5	1. 서남극 케이프 벅스 2. 동남극 테라노바 만	뉴질랜드 크라이스트처치 왕복	2010년 1월 12일 ~2월 18일	쇄빙연구선 아라온	김예동 전 극지연구소 소장 외 21명	건설후보지 정밀조사

후보지 선정을 위한 조사 요약

2009년을 제외하면 모두 쇄빙선을 타고 갔었는데 길게는 2달 이상이 걸렸습니다. 이동하는데 많은 시간이 걸려서 연구원들은 조사 기간 대부분을 쇄빙선에서 보냈답니다.

드디어 우리나라 최초의 쇄빙연구선 '아라온'이 2009년 9월 건조가 완료되어, 아라온을 타고 2010년 1월에 22명의 조사단이 서남극의 케이프 벅스와 동남극의 테라노바 만 두 곳을 놓고 자세한 조사를 했습니다. 두 지역 중 테라노바 만이 접근성이 훨씬 좋고, 주변 기지와 협력할 수 있다는 점 등 장점이 많아 이곳에 장보고기지 건설이 결정되었습니다.

3년의 현장 조사 후 장보고기지 건설 지역을 결정하는 중요한 일이 끝난 후 다음에 해야 할 일은 남극에 기지를 운영하고 있는 다른 나라의 장보고기지 건설에 대한 동의를 얻는 것이었습니다. 모든 나라들이 기지 건설로 인한 주변 환경 훼손을 염려하기 때문에 기지건설 및 그와 관련된 활동이 환경에 미치는 영향 등을 보고한 후 동의를 받아야 합니다. 이 일은 2010년에 시작되어 2년 후 2012년 6월 남극기지 운영 국가들로부터 장보고기지 건설에 대해 만장일치 동의를 받게 되었습니다.

한편, 남극 대륙기지의 건설 지역이 확정됨에 따라 국민들에게 이 소식을 전하는 한편, 기지 이름에 대해 공모를 하게 되었습니다. 많은 분들이 관심을 갖고 참여한 결과 '남극장보고과학기지'로 이름이 확정되어 세종기지에 이어 두 번째로 우리나라 남극기지의 이름을 갖게 되었습니다. 장보고기지 이외에도 태극기지, 남극장영실기지, 남극

백두과학기지, 충무과학기지 등이 있었습니다. 해상왕 장보고는 9세기 통일신라시대에 해양 실크로드를 개척하여 국제적인 물류와 문화 교류를 가능하게 했던 인물로 개척과 도전정신을 상징하는 역사상 뛰어난 인물인데, 그의 개척정신과 도전정신을 본받아 남극과학 발전과 새로운 남극 연구 분야에 도전하는 국제적인 장으로 활용되고자 하려는 뜻이 기지의 이름에 담겨져 있습니다.

그럼 기지는 어떻게 건설되었을까요? 기지는 기본적으로 남극의 강한 바람과 저온에 견뎌야 하고, 월동대를 비롯한 하계연구원들이 좋은 환경에서 연구할 수 있는 곳이어야 합니다. 또한 남극에서 건설을 할 수 있는 기간은 12월에서 다음 해 3월까지이기 때문에 효율적으로 기지를 지을 수 있어야 합니다. 건설은 2012년 12월부터 시작되었습니다. 건설 자재는 우리나라 평택항에서 화물선에 선적 후 2012년 11월 15일 출발하였습니다. 그런데 이 화물선은 쇄빙선이 아니기 때문에 혼자 남극 주변에 있는 바다 얼음을 깨고 들어갈 수 없습니다. 그래서 뉴질랜드 크라이스트처치에서 11월 30일 쇄빙연구선 아라온과 함께 장보고기지로 출발했습니다. 남극에 가까워지면서 아직 녹지 않은 해빙이 나타났고, 쇄빙연구선 아라온이 바다 얼음을 깨어 길을 만들면 화물선이 그 뒤를 따라 갔습니다. 마침내 12월 11일에 기지 앞에 도착을 하였습니다. 남극의 바다 얼음은 2월부터 얼기 시작하여 12월에 녹기 시작합니다. 그래서 바다가 얼고, 녹는 시기가 건설 기간에 중요한 영향을 미치는 요인 중의 하나입니다. 2013년 3월 9일 아라온이 장보고기지를 떠남에 따라 2012/13년 1단계

남극 대륙기지의 이름 공모전 포스터

공사가 끝났습니다. 2013/14년 2단계 공사는 2013년 12월 3일 화물선이 장보고기지에 도착 후 시작되어 2014년 3월에 월동이 가능할 만큼의 선에서 기지 건설이 마무리가 되어 장보고기지 1차 월동대가 1년도 안 되는 짧은 시간을 보낼 수 있었습니다. 기지에 대한 소개는 다음 장에서 이어집니다.

2
장보고기지 탐방

2014년 2월 서식지에서 30킬로미터나 떨어진 기지를 방문한 황제펭귄

장보고기지에는 극지 생활을 위한 생존필수시설과 연구시설 그리고 이를 지원하기 위한 다양한 시설들이 있습니다. 어떤 시설들이 갖추어져 있는지 살펴볼까요?

기지 운영에 가장 중요한 건물은 발전동입니다. 전기와 물을 공급하는 발전동은 본관동의 남쪽에 있으며, 발전실, 전기실, 기계실, 수조, 냉장 · 냉동창고로 나뉘어져 있습니다. 유지반 대원들이 근무하는 발전동 설비부터 알아보겠습니다.

장보고기지 주요 건물

발전동

발전과 전기시설

발전기와 전기는 기지를 인체로 따진다면 심장과 혈액으로 매우 중요합니다. 전기 생산을 위해 디젤발전기, 태양광발전패널 그리고 풍력발전기를 이용합니다. 디젤발전기는 미국 캐터필러사 제품으로 275킬로와트 용량의 전기를 생산합니다. 우리나라 일반 가정집에서 사용하는 전기가 2킬로와트 내외이니 100여 집 이상이 사용할 수 있는 용량입니다. 기지에 전기 공급을 위해 발전기 3대가 교대로 운영됩니다. 기온이 매우 낮아져 난방에 필요한 전기 사용량이 많아지면 2대가 동시에 운영되기도 합니다. 이외에도 같은 제품의 비상 발전기가 비상대피동 옆 건물에 설치되어 만일의 사태에 가동할 수 있도록 준비되어 있습니다.

친환경 재생에너지인 태양광 발전패널은 발전동 외부 지붕과 벽면에 설치되어 최대 42킬로와트까지, 풍력발전기는 2킬로와트까지 전

주 발전기 1, 2, 3호

발전기 점검하는 신길호 대원

전기설비 점검하는 김한술 대원   전기제품 수리하는 류성환 대원

기를 생산해 낼 수 있습니다. 세 종류의 발전에 의해 생산된 전기는 우선 전기실로 공급됩니다. 전기실에서는 이 전기가 기지 내에서 사용할 수 있게 조절되며 자동화된 송 · 배전 설비를 거쳐 각각의 건물로 송전됩니다.

급수 및 난방시설

세종기지에서는 대부분의 생활용수를 기지 뒤편에 있는 얼지 않은 담수호인 세종호의 물을 사용하지만 수량이 부족하거나 세종호가 어는 동계에는 해수를 담수화하여 사용합니다. 반면에 장보고기지는 생활용수 전부를 바닷물을 담수화하여 사용합니다. 바다에 잠긴 취수구를 통해 뽑아 올린 바닷물은 취수구 주변의 집수조에 임시 저장된 후 배관을 통해 발전동 내의 기계실로 이송되어 해수수조에 저장됩니다. 차가운 해수를 담수화하기 위해 해수는 약 15도까지 가열된 후 담수화기(1일 20톤 생산가능)로 투입되고, 여기서 역삼투압 방식에 의해 염분이 걸러진 청정수가 80톤의 청정수조에 저장되어 생활용수(마시는

장보고기지 취수구

담수화기 필터 교환하는 권광훈 대원

배관설비 점검하는 윤민섭 반장

오수 수질 검사하는 이성수 대원

취수구에서 발전동까지의 배관 라인

물, 샤워 및 세탁용수 등)로 사용됩니다. 사용된 생활하수는 하수처리기를 거쳐 기계실 중수탱크에 저장되어 화장실용 용수로 재사용됩니다. 화장실에서 사용된 오수는 미생물을 이용한 오폐수 처리기를 통과하여 남극환경수질기준에 맞는 수질로 깨끗이 정화된 후 바다로 방류됩니다.

장보고기지의 난방은 디젤발전기의 폐열을 회수하여 사용하는 열병합복합 발전 방식을 사용합니다. 발전기로부터 나오는 뜨거운 배기가스(섭씨 500도 내외)와 발전기를 식히는 데 사용된 후 뜨거워진 냉각수의 열원으로 기지 난방용수와 샤워에 사용되는 물을 데웁니다. 난방 용수는 순환 펌프와 배관을 통하여 기지 전체를 순환하면서 난방을 합니다. 외부에 노출된 배관은 동파에 대비한 열선이 부착되어 있습니다.

본관동

통신시설

지금부터 소개되는 시설들은 본관동에 있습니다.

전기시설이나 급수시설을 우리 몸에 비유하자면 마치 혈관과 같은 역할을 하는데 반해, 통신시설은 두뇌와 신경과 같은 역할이라 할 수 있습니다. 기지 본관동 최상부인 4층에 위치한 통신 및 관제실(이하 통신실)은 마치 우주선의 조종실을 연상케 합니다. 삼각형 모양의 통신

뉴질랜드 스콧기지와 교신하는 이상훈 대원

인터넷용 위성통신수신 안테나

실은 전면이 유리로 된 대형창을 통해 기지주변을 모두 바라볼 수 있어 기지에서 조망이 가장 좋습니다. 하계기간 통신실은 기지 앞에 정박한 아라온과 헬리콥터들의 운항을 지휘하는 관제탑의 역할을 합니다. 그리고 기지 주변에서 연구 활동을 하는 대원들과 교신하여 대원들의 현 상황과 위치를 파악합니다. 장보고기지에서 가장 중요한 통신 기반은 인터넷입니다. 이곳의 인터넷은 인공위성을 통하여 대한민국과 직접 연결되어 있고, 초당 약 1메가바이트의 자료 송수신이 가능합니다. 이 인터넷을 통하여 대원들은 기지 내 연구장비 운영 감시, 정보 공유, 기상예보를 위한 정보 수집 및 기상 전문 발송 그리고 기지에서 측정된 연구 자료를 한국으로 전송, 한국과의 이메일 교신을 합니다. 또한 전화, 필요에 따라 화상통화도 합니다.

기지 밖으로 연구 활동을 나가는 대원들과 이탈리아 기지와의 통신을 위한 초단파(VHF) 통신장비, 기지로부터 350킬로미터 떨어진 미국 맥머도기지나 뉴질랜드 스콧기지와 통신할 수 있는 단파통신장비가 통신실에 설치되어 있습니다. 초단파 및 단파 통신을 이용할 수 없거

위에서 부터 단파, 초단파, 이리듐 통신장비   연구소와 화상회를 하는 진동민 대장

나 비상시를 대비한 이리듐과 인마셋 위성 전화도 구비되어있습니다.

통신실의 또 다른 기능은 관제센터의 역할입니다. 장보고기지 대부분의 설비는 컴퓨터와 연결되어 통신실에서 제어가 가능합니다. 발전, 전기, 취수, 난방, 소방 설비들이 통신망으로 서로 연결되어 통신실에서 한눈에 기지 운영 현황을 파악할 수 있으며, 각 건물의 냉·난방장치의 상태는 물론 기지 내 모든 전등과 조명의 조정도 원격으로 제어 가능합니다. 그리고 CCTV를 통하여 기지의 내·외부 주변현황을 상시 모니터링 할 수 있게 되어 있습니다. 또한 기지 내외부로의 인원 이동 현황 정보는 물론, 모든 사고나 화재 발생 등은 즉시 통신실로 보고되고 전파됩니다.

안전시설

기지 내의 화재감지 및 소화 설비도 마찬가지로 통합제어가 가능합니다. 각 건물에는 화재로 인한 연기와 열을 감지할 수 있는 센서가

화재진압 훈련   각종 구명장비

양환공 안전대원의 방열복 착용 모습   비상대피동(왼쪽은 비상발전동, 오른쪽은 비상숙소)

모든 건물에 설치되어 있습니다. 센서가 화재발생을 감지하면 통신실로 자동으로 화재경보신호가 전달되며 각 건물에 화재경보가 자동으로 발령된 후 기지본관 1층에 있는 질소가스로 자동으로 진화하도록 설계되어 있습니다. 기지 곳곳에는 이산화탄소소화기와 확산소화기가 비치되어 있으며 국내 일반건물에서도 흔히 볼 수 있는 옥내 소화전도 갖추고 있습니다. 화재 진압을 위한 방열복과 연기가 가득한 건물에서 소화와 구호활동을 위한 공기호흡기도 비치되어 있고 이를 이용한 자체 화재 진압조가 결성되어 있습니다. 또한 유사시를 대비하여 매월 비상 훈련과 건물에 대한 안전 진단을 실시합니다. 외부활동 중 사고나 조난 등을 대비하여 비상용 들것, 크레바스 및 빙원 구조 활동을 위한 각종 등반기구 일체, 해상 구조 활동을 위한 구명복 등을 보관하고 있는 안전장구 보관실이 본관 1층에 자리 잡고 있습니다. 부두, 취수장, 보트창고 등 바다에 인접한 곳에는 만약을 대비한 비상 로프가 상시 비치되어 있습니다.

다양한 안전 대책에도 불구하고 화재나 예기치 못한 재해로 본관동과 발전동이 그 기능을 상실하는 것을 대비하여 비상대피동이 존재합니다. 비상대피동에는 주발전기와 동일한 275킬로와트 용량의 비상발전설비와 대용량 비상급수탱크가 설치된 건물 한 동과 월동대원 전부가 임시로 머무를 수 있는 비상숙소 한 동이 있습니다. 비상숙소동에는 취사설비 및 긴급통신설비가 갖추어져 있으며 비상식량과 식수가 보관되어 만일의 사태를 대비할 수 있도록 되어 있습니다. 비상숙소동은 체류인원이 많은 하계에는 하계대원들의 숙소로 사용되기도 합니다.

병원

문명세계와 물리적으로 단절된 남극에서 월동하는 대원들에게 가장 큰 위험 요소는 무엇일까요? 매섭고 추운 날씨일까요? 아니면 펭귄처럼 위험한(?) 동물의 습격? 그보다는 예기치 않게 몸이 아프거나 사고로 다쳤을 때일 것입니다. 왜냐하면 고립된 환경이라 의료 서비스가 매우 제한될 수밖에 없기 때문입니다. 물론, 남극에서 월동하는 대원들은 모두 한국에서 체력검정, 건강검진, 그리고 인성검사를 통

수술실   검사 및 치료실

과한 육체적, 정신적으로 매우 우수한 사람들입니다. 하지만 어느 곳이나 사고의 위험은 항상 존재하며, 또한 예상하지 못한 병의 발병도 있을 수 있습니다. 유명한 일화가 있습니다. 남극점에 위치한 미국의 아문센-스콧기지에서 1999년 의사로 월동하던 제리 닐슨은 자신의 몸에서 유방암을 발견하게 됩니다. 비행기가 착륙할 수 없는 겨울에는 공중투하된 화학요법 치료제로 치료하다, 그해 10월에 미국으로 송환되어 치료를 받은 얘기는 매우 잘 알려져 있습니다. 이처럼 예기치 못한 상황의 발생 그리고 안전사고의 가능성으로 병원은 매우 중요합니다. 그러면 장보고기지의 병원은 어떤 모습일까요?

장보고기지는 하계기간(10월~이듬해 3월)을 제외한 나머지 기간에는 외부로부터 완전한 고립 상태입니다. 그 기간 동안 대원들의 건강에 이상이 생기면 외부의 도움이나 후송이 불가능하기 때문에 모든 것을 자력으로 처리해야 합니다. 장보고기지는 이러한 특수성 때문에 기지 체류인원이나 규모에 비해 상당히 많은 의료장비와 전문 의료진

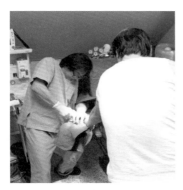
하계대원 골절수술

물리치료 받는 대원(원적외선 온열치료)

을 갖추고 있습니다. 기지에는 체온이나 혈압 등 간단한 건강 체크부터 혈액검사, 소변검사 등 복잡한 검사도 할 수 있는 여러 가지 진단 시약과 진단장치가 있습니다. 또한 수술실과 함께 골절이나 외상을 진단할 수 있는 엑스선 촬영기, 초음파 촬영기, 그리고 다양한 물리치료기가 있어 특히, 추운 환경에서 발생하기 쉬운 근골격계 질환의 치료나 응급수술이 가능합니다. 뿐만 아니라, 국내의료진과의 협진을 위한 화상원격 통화 장치도 갖추는 등 여러 가지 응급상황에 대비하고 있으며 의약품보관을 위한 창고와 전용 냉장고에는 여러 가지 질병과 외상에 대한 다양한 약품이 있습니다.

숙소

장보고기지의 숙소는 어떤 모습일까요? 장보고기지에는 1인실 2개(대장실, 귀빈실), 2인실 14개, 4인실 8개가 있어서 기지에 총 62명이 동시에 머물 수 있습니다. 기지 숙박 인원은 월동 기간에는 월동대

장보기기지에서 의료 업무를 담당 중인 신진호 대원(정형외과 전문의)

16명 내외, 하계 연구 활동 기간이 되면 나머지 공간을 하계 대원이 차지하게 됩니다. 하지만 다음 차대 월동대와 인수인계 기간에는 그 수만큼 하계대 인원이 줄게 됩니다.

대장실과 귀빈실은 1인실로 운영됩니다. 1인실의 경우 방 안에 샤워부스와 화장실이 있으며, 나머지 책상과 수납공간은 2인실과 동일하게 구성되어 있습니다. 2인실과 4인실은 하계 기간에는 체류하는 인원에 따라 탄력적으로 운영되지만, 월동기간 중에는 월동대

1인실

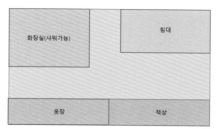

1인실 배치도

2인실 배치도

2인실

4인실

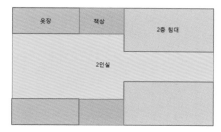

4인실 배치도

16~17인만이 생활하기 때문에 2인실과 4인실 모두 1인실로 사용됩니다.

체육 시설과 여가 활동

남극 월동생활은 어찌 보면 지루하고 단순한 일과의 연속입니다. 달력에는 매월 빡빡한 업무 일정과 주간 일정이 가득 차 있고 각자의 대원들이 제각기 담당한 업무에 매진하다 보면 어느덧 하루일과는 태양의 위치나 유무에 상관없이 지나갑니다. 이곳 장보고기지는 대원들에게는 때로는 일하는 직장이면서 동시에 집이며 휴식처이기도 합니다. 우리의 삶의 질이 점점 더 높아지면서 각자가 원하는 여가 활동도 다양해지기 마련입니다. 지금까지 기지운영과 관련한 시설물들을 살펴봤으며, 여기서는 대원들의 운동과 여가활동을 위한 여러 가지 시설들과 사용하는 모습을 소개하겠습니다.

먼저, 체육 시설입니다. 동계는 물론 하계기간에도 장보고기지가 위치한 이곳 테라노바 만은 춥고 바람 역시 강한 경우가 많아 외부 활동이 극히 제한적이고, 장시간 외부에 있을 수 없기 때문에 체육활동 또한 실내에서 할 수 있는 몇 가지 종목으로 한정될 수밖에 없습니다.

본관동 2층 중앙에 위치한 체력 단련실은 다양한 웨이트트레이닝 기구와 유산소 운동을 위한 트레드밀(러닝 머신)과 실내자전거가 있으며 한쪽 벽면에는 인공암벽연습장이 갖추어져 현장 조사활동 중 생길지 모르는 크레바스 탈출과 등반기 사용을 연습할 수 있습니다. 일과 후와 휴일에 대원들이 가장 많이 찾는 곳입니다. 멋진 몸을 만들려는 대원

체력 단련실

체력 단련 중인 대원들

탁구장

족구장으로 변신한 식당

들, 살을 빼려는 대원들이 갖가지 기구를 이용하여 땀을 흘립니다.

중장비 보관동에서는 골프와 당구를 칠 수 있습니다. 당구대는 4구 전용으로 주로 주말에 대원들이 이용합니다. 당구대에 비해 건물의 폭이 넓지 않아 경우에 따라 당구채가 건물 벽에 부딪칠 때가 있어 승부의 변수로 작용합니다. 당구장 위는 스크린 골프 연습장입니다. 기지에서 가장 인기 있는 체육시설입니다. 스크린 골프연습장의 기계 및 비품은 (주)골프존의 기증으로 대원들이 설치하였습니다. 이곳에서는 골프의 기본인 스윙연습과 자세교정, 퍼팅 등을 연습할 수 있으며 실제 골프장을 스크린으로 재현한 가상 골프장에서 대원들끼리 골

기지에서 실력이 가장 뛰어난 이상훈 프로

프경기를 할 수도 있습니다. 골프를 처음 접하는 대원들이 많았는데 대원들 중 수준급의 실력을 갖춘 이상훈 통신대원의 지도로 여러 대원들이 골프를 배울 수 있었습니다. 어느 정도 실력을 갖추게 된 추석에는 제1차 장보고 오픈이 열려 그동안 갈고닦은 실력을 겨루었습니다. 나중에는 해빙에서 골프를 치는 즐거운 시간도 가졌습니다.

기지 본관 건물 2층에 위치한 다목적실은 그 이름에 걸맞게 여러 가지 용도로 사용할 수 있도록 지어졌습니다. 하계기간에는 보통 월동연구대의 회의실 및 하계대의 단체회의실 또는 발표장으로 사용됩니다. 동계기간에는 책상과 의자를 창고에 옮기고 탁구대를 설치하여 탁구장으로 활용됩니다. 식당 옆에 위치하고, 쉽게 땀을 흘릴 수 있어

강연장으로 변신한 식당   도서실 및 휴게실로도 사용

서 점심 또는 저녁 식사 후 많이 애용합니다. 월동 초기부터 늘 붐비
던 탁구장은 한동안 찾는 이가 없다가 하계기간 직전에 이용률이 높
아졌습니다.

기지에서 가장 크고 넓고 높은 천장을 가진 식당은 다목적실보다
더 다용도로 사용되게 됩니다. 먼저 가장 큰 용도는 당연히 식당입니
다. 그다음으로 쓰이는 용도는 회의장입니다. 월동대원들은 이곳에
서 식사와 회의, 여러 가지 행사들을 하고 있는데, 가끔은 실내 체육
행사를 위하여 식탁과 의자들을 치우고 족구나 배드민턴 등을 할 때
도 있습니다. 이때는 실내 폭과 길이의 제한으로 바람이 없는 특수공
과 오른발 사용자의 왼발 공격 등 약간은 변칙적인 규칙으로 좁은 공
간에서의 단점을 극복하고 있습니다.

식당의 한쪽 벽면에는 대형스크린과 연단이 설치되어 각종회의나
발표 시 멀티미디어 자료들을 활용한 회의실로도 사용되며, 주말에
는 영화 상영을 위한 극장으로도 변신하기도 합니다. 생일이나 축하
할 일이 생기면 노래방으로 사용하기도 한답니다. 연단 뒤편 벽면에

는 일명 장보고 도서실인 서고(이동식레일이 깔린 3단 책장)에 다양한 주제와 여러 분야의 책들이 비치되어 도서관 역할을 합니다. 이곳에는 500여 권의 연구소에서 준비한 장편과 단편소설, 인문학 및 자연과학 서적, 월동업무에 필요한 전문 서적, 그리고 대원들이 기증한 책들로 제법 도서관다운 모습을 갖추고 있습니다. 그 외에 바둑, 장기, 윷놀이 등의 전통놀이도 즐길 수 있는 다양한 게임도구도 있습니다.

장보고기지에서 여가시간을 보내는 방법은 다양합니다. 하지만 무엇보다 중요한 것은 자칫 기나긴 월동기간 외부와의 단절로 인한 우울증이나 향수병을 극복하고 건강하게 문명사회로 귀환하겠다는 긍정적인 마음가짐과 서로에 대한 배려일 것입니다. 체육 및 여가 시설을 활용한 공동 행사는 그에 많은 도움을 주게 됩니다.

중장비 보관동

중장비

지금부터는 기지에서 사람의 팔과 다리 역할을 하는 각종 중장비와 차량이 소개됩니다. 기지에서 컨테이너 등의 중량물 운송, 제설, 굴착 작업 등뿐만 아니라 야외 연구활동 지원과 연구원들의 장거리 수송을 위해 중장비 및 차량 이용이 필수적입니다. 이를 위해서 기지에는 다양한 장비들 특히, 건설현장에서 흔히 볼 수 있는 중장비들인 60

60톤 크레인

무거운 짐을 옮길 수 있는 지게차

냉동 컨테이너를 운한하는 휠로더

제설 및 승객 수송용 설상차

남극 돔 C기지로의 트레바스. 챌린저는 선두에 보이는 중장비

톤 크레인, 16톤 카고크레인, 굴삭기, 휠로더, 지게차(3톤, 5톤), 트레일러 등 총 9종이 있습니다.

남극대륙 연안에 있는 장보고기지는 우리나라의 남극내륙진출의 교두보 역할도 하기 때문에 내륙으로 이동하기 위한 특수 차량도 있습니다. 대부분 눈과 얼음인 남극대륙 깊숙한 곳으로 몇 주 동안 이동하기 위해 연구원이 생활할 숙소, 식량, 생필품, 각종 실험자재와 연료 등을 트레일러에 싣고 트랙터를 이용하여 끌고 가는 트레바스traves를 하게 됩니다. 맨 앞 선두에는 눈과 장애물을 치우는 제설차(피스톤불리Piston Bully)가 앞장서며 중량물 견인 전용 트랙터(챌린저)와 트레일러가 뒤를 따르게 되는데, 장보고기지는 챌린저도 보유하고 있습니다.

장보고기지 주변에는 연구 시설이 설치된 기지 외곽의 건물들과 부두, 취수장 등을 연결하는 비포장도로가 있습니다. 건물 간 자재나 인원의 수송 또는 순찰 임무 등을 위하여 1톤 더블캡 트럭과 트랙을 장착한 4륜 자동차와 사륜모터사이클ATV, All Terrain Vehicle이 운행에 사용됩니다. 하절기에는 해상연구활동 지원을 위하여 조디악 고무보트 2척과 동계 해빙탐사 지원 및 빙상 활동 시 이동을 위한 스노모빌도 있습니다.

본관동

우주기상관측동

30미터타워

대기구성물질관측동

2015년 2월의 장보고기지 전경(장보고기지 2차 월동대 제공)

2014년 5월 기지 뒤로 나타난 V자 오로라

역사와 지명의 유래

장보고기지의 주소는 '남극 빅토리아랜드 테라노바 만 남극장보고
과학기지^{The Jang Bogo Station, Terra Nova Bay, Northern Victoria Land, Antartica}'
입니다. 빅토리아랜드는 동쪽의 로스 빙붕, 북서쪽의 오츠랜드 그리
고 서쪽의 윌키스랜드 사이에 위치합니다. 이 지역은 1841년 1월 영
국의 제임스 클락 로스가 처음 발견하였으며, 지명은 당시 영국 여왕
의 이름을 따서 명명되었습니다. 영국 해군 장교인 제임스 클락 로스
는 유명한 남극 탐험가의 한 사람으로 본인의 성인 로스는 테라노바
만이 속한 로스 해에도 붙어 있습니다.

테라노바 만은 워싱턴 곶에서 드라이칼스키 빙설^{Drygalski ice tongue}
까지의 약 64킬로미터에 이르는 지역으로, 일부 바다는 겨울에도 얼
지 않는 폴리냐가 있는 빅토리아랜드 연안 바다입니다. 테라노바^{Terra}
^{Nova}는 '새로운 땅'이란 뜻으로, 1901~1904년 영국의 탐험가 로버트
스콧이 이끈 디스커버리 탐험대에서 사용된 보급선 중 한 척인 테라

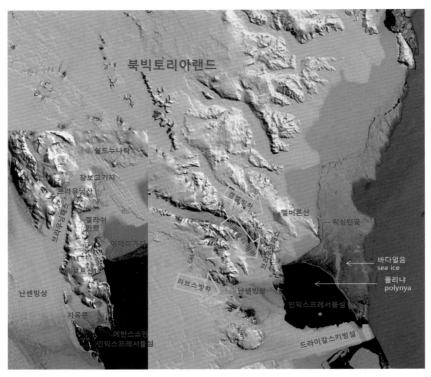

테라노바 만의 주요 지명

노바 호의 이름을 따서 명명되었습니다. 이 탐험에서 스콧은 당시로는 가장 남쪽인 남위 82도 17분까지 진출하게 됩니다.

테라노바 만 주변에는 다양한 형태의 얼음과 누나탁(산 또는 산맥 일부가 빙상 또는 빙하 가운데 눈이나 얼음에 덮여있지 않고 노출된 부분), 산이 있으며, 제 각각 오래 전에 붙여진 이름이 있습니다.

북빅토리아랜드에서 특히, 테라노바 만 주변의 여러 지명은 1911~1913년 스콧의 테라노바 탐험대 중 하나인 북쪽 탐사팀과 인연이 많습니다. 그래서 이 지역을 조사했던 대원들의 이름이 많이 사용되었습니다. 그 외의 지명은 다른 극지 탐험가들의 이름으로 명명되었습니다.

아문센과의 인류 최초의 남극점 도달 경쟁으로 우리에게 잘 알려진 스콧은 1911~1913년 테라노바 탐험대를 이끌었습니다. 이 탐험대는 남극점으로 떠난 5명(1911년 11월 1일 에반스 곶 출발, 1912년 1월 17일 남극점 도착, 1912년 3월 29일 스콧 포함 최종 3인 사망) 이외에 과학적 활동을 위해 여러 탐사팀으로 구성되었는데 그 중의 한 탐사팀이 북쪽 탐사팀이었습니다. 6인으로 구성된 이 탐사팀은 1912년 1월과 2월에 걸쳐 6주간 테라노바 만의 북쪽인 우드 만을 탐사하기로 되어 있었습니다.

하지만 그들은 테라노바 만의 에반스 소만에 상륙하여 이곳에서부터 우드 만 쪽을 탐사하였습니다. 당초 예정된 6주의 탐사 기간이 끝났지만 그들을 태우러 오기로 했던 테라노바 호가 해빙으로 오지 못하게 되자 대원들은 남극 하계에 입었던 옷과 2~3주 분의 남은 식량 그리고 소량의 해표 고기만을 지닌 채 인익스프레서블 섬Inexpressible island에서 어쩔 수 없이 월동을 해야 했습니다. 추위, 강풍, 굶주림 등의 온갖 어려움을 이겨내고 다시 봄이 찾아온 1912년 10월, 약 370킬로미터의 해빙 위를 걸어서 스콧 탐험대의 본부인 에반스 곶(미국 맥머도기지 주변)에 도착합니다.

그들이 월동 기간 머물렀던 곳들의 이름들이 '지옥의 문'과 '표현할 수 없는 섬'인 것으로 보아 얼마나 강풍과 추위로 인한 가혹한 환경 하

기지의 동쪽 전경. 멀리 보이는 높은 산이 멜버른 산이며 오른편의 길게 뻗은 얼음이 캠벨 빙설

에서 생존해야 했는가를 짐작할 수 있습니다. 그도 그럴 것이 그곳은 리브스 빙하와 프레슬리 빙하로부터 활강풍이 서로 만나는 곳으로 연중 강한 바람이 해안으로 불며, 특히 겨울의 강한 바람으로 근처 바다에 폴리냐가 형성되는 곳의 입구였기 때문입니다(박스 참조). 어쩔 수 없이 월동을 하게 되었지만 그로 인해 그들은 테라노바 만 폴리냐를 1912년 최초로 발견하게 됩니다. 그 당시 그들은 이 폴리냐가 내륙에서 부는 강한 바람에 의해 생겨났다고 믿었습니다. 미국에 의해 운영되는 자동기상관측장비로 측정된 기상 자료에 의하면 겨울철 풍속이 초속 25~45미터라고 하니 실로 대단하다 하지 않을 수 없습니다. 2014년 현재 중국은 인익스프레서블 섬에 월동기지 건설을 고려중인 것으로 알려져 있습니다.

장보고기지에서 가장 가까이 이웃한 빙하는 캠벨 빙하입니다. 이 빙하는 장보고기지의 동쪽에 위치하는데, 약 110킬로미터 길이의 빙하가 북서에서 남동 방향으로 흘러 테라노바 만과 만납니다. 이 빙하가 바다와 만나는 곳이 캠벨 빙설입니다. 이 빙하의 이름은 북쪽 탐사대의 책임자이자, 영국 해군 중위였던 빅터 캠벨의 이름을 따서 명명되었습니다. 캠벨 빙하 너머에는 큰 누나탁이 보이는 데 장보고기지로부터 북동쪽으로 약 11킬로미터 떨어진 곳에 있습니다. 누나탁은 빙원으로 둘러싸인 노출된 암반을 가리키는데 섬이 바다나 강으로 둘러싸인 것과 같습니다. 1965~66년 뉴질랜드의 남극지질탐사대는 이 누나탁이 바이킹의 방패처럼 보인다 하여 쉴드 누나탁으로 명명하였습니다.

장보고기지에서 북북동쪽으로 약 34킬로미터 떨어진 곳에 멜버른 산이 있습니다. 멜버른 산의 높이는 2,730미터로 장보고기지에서 보이는 가장 높은 산입니다. 이 산은 장보고기지 기상 관측에도 사용되는데 시정을 재고, 구름의 높이를 가늠하는 데 이용됩니다. 또한 렌즈구름이 정상에 나타나기도 하고 맑은 날 밤에는 오로라와 어울려 멋진 광경을 뽐냅니다. 1841년 제임스 클락 로스는 당시 영국 수상이었던 윌리엄 멜버른의 이름을 따 멜버른 산으로 명명하였다고 합니다.

브라우닝 산은 장보기기지에서 북쪽에 위치하며, 높이는 760미터입니다. 이 산의 이름은 북쪽 탐사팀의 일원이었던 하사관 프랭크 브라우닝의 이름을 따라 명명되었습니다. 브라우닝 산 바로 뒤편에 마치호수와 같이 평평한 얼음이 넓게 퍼져있는 브라우닝 패스가 있습니다. 이곳은 예전에 이탈리아 기지에서 활주로로 사용한 적이 있습니다.

이탈리아 기지는 장보고기지의 남서쪽에 있습니다. 원래 이탈리아 기지의 이름은 테라노바기지였는데, 나중에 이탈리아 남극 프로그램 책임자였던 마리오 주켈리의 이름으로 변경되었습니다. 이탈리아 기지가 있는 노던 풋힐Northern Foothills의 가장 높은 산은 애보트 산으로 높이가 1,020미터입니다. 역시 북쪽 탐사팀의 하사관 조지 퍼시 애보트의 이름이 사용되었습니다.

노던 풋힐의 남서쪽으로 난센빙상이 있습니다. 난센 빙상은 길이가 48킬로미터, 너비가 16킬로미터인 빙상입니다. 이 빙상에 대한 조사는 1907~1909년 영국의 자남극 조사팀과 1910~1913년의 북쪽 탐사팀에 의해 이루어졌습니다. 북쪽 탐사팀의 지질학자였던 프랭크는 주변 난센 산의 이름을 이 빙상에 적용하였습니다(난센은 노르웨이의 탐험가이자 과학자이며, 1922년 노벨평화상 수상자입니다).

난센빙상으로부터 바다 쪽으로 이동하면 지옥의 문과 인익스프레서블 섬이 있습니다. 지옥의 문은 빙퇴석으로 구성되어 있으며, 북쪽 탐사팀이 이곳에 만든 저장소는 남극 역사 유적지로 지정되어 있습니다. 지옥의 문 남쪽에 인익스프레서블 섬이 있는데 북쪽 탐사팀은 이곳에 있는 동굴을 월동을 위한 거처로 사용하였습니다. 이 동굴 역시 남극 역사 유적지로 지정되어 있습니다.

내륙에서 난센 빙상으로 두 개의 빙하가 흐르는 데 하나는 리브스 빙하이고, 나머지 하나는 프레슬리 빙하입니다. 리브스 빙하는 폭이 15킬로미터로 상대적으로 폭이 긴 빙하이지만 길이는 30킬로미터로 짧습니다. 이 빙하는 영국의 극지 탐험가 새클턴이 1907~1909년 이끌었던 영국 남극탐험대에 의해 발견되고 명명되었습니다. 뉴질랜드 남극지명등록위원회는 리브스가 전 뉴질랜드 수상이었던 윌리엄 펨버 리브스로 추정하고 있습니다. 프레슬리 빙하는 길이가 약 96킬

테라노바 만 활강풍과 폴리냐

리브스 빙하와 프레슬리 빙하를 타고 내륙에서 해안으로 부는 강한 활강풍은 한 겨울에도 바다가 얼지 않는 폴리냐를 만듭니다. 이 폴리냐 형성에는 드라이갈스키 빙설도 중요한 역할을 합니다. 서쪽으로 길게 뻗은 이 빙설은 남쪽에서 북쪽으로 이동하는 부빙을 막는 역할을 합니다. 경사진 육상 얼음에 의해 생긴 강한 바람이 바다 얼음의 형성을 막는 재미있는 물리 현상입니다. 이 폴리냐의 면적은 대체로 활강풍의 강도와 드라이갈스키 빙설의 길이에 의해 결정이 되는데 겨울에는 최대 약 7,000제곱킬로미터까지 넓어지고, 평균 면적은 1,300제곱킬로미터입니다. 참고로, 제주도의 면적이 약 1,840제곱킬로미터입니다. 대기보다 상대적으로 따뜻한 폴리냐는 대기로 열과 수분을 공급하여 지역 기상에 영향을 줄 뿐만 아니라 차가운 대기로 열을 빼앗긴 표층수는 무거워져 가라앉아 남극 저층수를 형성하여 전 세계 해양 순환에 기여를 합니다. 상대적으로 좁은 지역에서 일어나는 현상이지만, 그로 인한 영향은 훨씬 넓은 지역 기후에 영향을 주게 되어 중요한 연구의 대상이 됩니다.

로미터입니다. 이 이름은 북쪽 탐사팀의 지질학자 레이몬드 프레슬리의 이름을 따서 명명되었습니다.

난센 빙상을 통해 지옥의 문을 통과하는 바람은 에반스 소만을 거쳐 테라노바 만으로 불어나갑니다. 새클턴의 1907~1909 영국 남극 탐험대의 탐험선 님노드 호를 견인하고, 이 탐험의 마지막 해에 님노드 호 선장이 된 프레드릭 에반스의 이름을 따서 명명한 것으로 추정됩니다.

이탈리아의 마리오주켈리기지와 장보고기지 사이에 움푹 틀어간 바다는 젤라쉬 인렛(inlet)으로 불리는데, 벨기에 탐험가 아드리엥 드 젤라쉬의 이름이 사용되었습니다. 젤라쉬는 1898~1899년 벨기에

의 남극 탐험대를 이끌었습니다. 겔라쉬 인렛은 매년 10~11월에 이탈리아기지에 의해 해빙 활주로로 사용됩니다. 장보고기지를 제외하면 모두 외국 지명이네요? 앞으로 이곳에 어떤 한국어 지명이 생기길 궁금합니다.

장보고기지의 이웃 기지는?

장보고기지에서 가장 가까운 상주(월동) 기지는 미국 맥머도기지와 뉴질랜드의 스콧기지로 남쪽으로 약 350킬로미터 떨어져 있습니다. 맥머도기지는 로스 섬 헛포인트 반도에 위치하며 1955년 개설한 이래 확장과 정비가 계속되어 현재는 남극에서 가장 규모가 큰 기지이며, 미국 남극활동의 허브역할을 하고 있습니다. 주변의 활화산인 에레부스 화산, 드라이밸리 연구를 위한 준비와 남극점 기지 출입을 위한 통로로 활용되고 있습니다. 월평균 기온은 섭씨 영하 28도에서 영하 2도이며, 하계기간 900~1,050명, 겨울에는 100~200명이 체류합니다. 남극에서 월동하는 전체 인원이 1,100 여명 정도인데 그 중 약 4분의 1이 맥머도기지에서 월동을 합니다. 항공기 활주로는, 바다 얼음이 적은 남극 여름철에는 기지에서 다소 떨어져 있는 블루 아이스인 페가수스 빙원활주로를 이용하고, 그 외 기간에는 기지 바로 앞의 해빙활주로를 이용합니다.

맥머도기지에서 약 3킬로미터 떨어진 곳에는 뉴질랜드의 스콧기지

페가수스 빙원활주로에 착륙해 있는 LC130 군수송기기. 이 수송기는 뉴질랜드
크라이스트처치 – 맥머도기지 – 남극점 아문센–스콧기지를 운항합니다.

페가수스 빙원활주로와 맥머도기지 간 셔틀버스로 사용되는 버스 '이반(Ivan)'

뉴질랜드 스콧기지. 멀리 2010년 미국과 공동으로 설치한 3대의 풍력발전터빈이 보인다.

이탈리아 마리오주켈리기지 하계기지. 장보고기지에서 약 10킬로미터 떨어져
있으며, 통신실에서 기지 일부가 보인다.

가 있습니다. 최대 85명까지 수용 가능하며 겨울에는 약 15명이 월동
을 하고 있습니다. 2010년에는 미국과 함께 기지 주변에 3대의 풍력
발전터빈을 건설하여 공동 활용하고 있기도 합니다. 장보고기지에서
이 두 기지까지 가려면 소형항공기로 약 2시간, 헬기로는 2시간 30분
정도 소요됩니다. 2014년 2월 12일에 있었던 장보고기지 준공식에
는 미국남극연구사업을 책임지고 있는 미국연구재단의 극지연구책
임자인 켈리 포크너와 뉴질랜드 극지연구소장 피터 베그스가 헬기로
2시간 30분을 날아와 참석했습니다.

　장보고기지에서 약 10킬로미터 떨어진 곳에 이탈리아가 운영하는
마리오주켈리기지가 있습니다. 이 이탈리아 기지는 장보고기지 통신
실에서도 보입니다. 이 기지에는 최대 약 110명이 체류할 수 있습니
다. 기지 인근에는 두 개의 활주로를 운영하고 있는데 기지 앞 해빙

겔라쉬 인렛에 위치한 3킬로미터의 해빙활주로.
마리오주켈리기지와 장보고기지 사이의 결빙된 바다 위에 설치된다.

장보고기지 준공식에 참석한 이웃들. 왼쪽으로부터 뉴질랜드 극지연구소장 피터 베그스,
미국연구재단 극지연구책임자 켈리 포크너, 이탈리아 하계연구단 수석연구원 프랑코 리치가
진동민 월동대장과 나란히 서있다.

위에 10월 말에서 11월까지 약 한 달간 길이 3킬로미터의 해빙활주로를 운영합니다. 기지 뒤편 에니그마 호수 위에 길이 800미터의 활주로는 11월에서 2월까지 소형항공기가 이착륙할 수 있습니다. 기지에는 40톤의 해양조사선 스쿠아 호를 보유하여 하계 해양 조사 활동에 사용하고 있습니다. 겨울에는 장보고기지 사이의 바다가 얼어서 도보로 갈 수 있지만 하계에만 운영하고 있어 사람을 만날 수는 없습니다. 마리오주켈리기지 보다 가까운 곳에 독일이 지은 곤드와나기지가 있지만 이는 기지가 아니라 3~4년에 한 번 정도 꼴로 독일 과학자들이 방문하는 캠프로 운영되고 있습니다. 캠프는 비어있지만 장보고기지 방문객들은 한 번씩은 방문하는 명소(?)입니다.

장보고기지 주변의 동물 친구들

3월부터 12월까지 얼어붙는 테라노바 만. 하지만 여름이 찾아와 해빙이 녹고 햇빛이 많아지면 테라노바 만은 식물 플랑크톤의 활성화를 시작으로 해양에서 먹이 사슬이 활발해집니다. 이곳 테라노바 만에는 이 바다에서의 생물을 먹이로 하는 황제펭귄, 아델리펭귄, 해표, 남극도둑갈매기 등 해양성 포유류와 조류의 대단위 군서지가 형성되어 있는 생명 활동이 활발한 지역입니다. 특히 장보고기지가 위치한 테라노바 만과 그 주변은 네 곳의 남극특별보호구역ASPA, Antarctic Specially Protected Area이 있습니다. 환경적으로 보호해야 할 곳은 여러

기지 주변에 나타난 황제펭귄

해빙이 갈라진 틈으로 숨을 쉬는 웨델해표

군데가 있긴 하지만, 남극의 신사 펭귄들의 군서지는 아쉽게도 멀리 떨어져 있습니다. 약 35킬로미터 떨어져 있는 워싱턴 곶에 황제펭귄 군서지가, 인익스프레서블 섬에 아델리펭귄 군서지가 있기 때문에 쉽게 방문할 수가 없습니다. 반면에 기지 주변에서 남극도둑갈매기는 상대적으로 많이 볼 수 있습니다. 세종기지에서와같이 가까운 곳에서 펭귄 무리를 볼 수 없어 아쉽기는 하지만 하절기에 장보고기지와 이웃한 독일의 곤드와나기지를 찾아온 황제펭귄과 아델리펭귄의 모습에 아쉬움을 달래곤 합니다.

그리고 웨델해표, 레오파드해표(표범해표)도 역시 눈에 띄었습니다. 월동대의 눈에 띄지는 않았지만 게잡이해표나 남방코끼리해표도 발견되었다고 합니다. 바다가 얼어가고 두꺼워지면서 기지 주변 해빙 위를 둘러봤을 때는 바다 얼음이 갈라진 틈으로 해표들이 코를 내밀고 숨을 쉬는 진귀한 광경도 볼 수 있었습니다. 밖에서 숨을 쉬어야 하는 해표는 바다가 완전히 얼게 되면 다른 곳으로 이동할 것 같습니다.

잠깐 여기서 황제펭귄 얘기를 해 볼까요? 펭귄은 전 세계적으로 17~18종이 있습니다. 그중에서 가장 키가 큰 펭귄이 황제펭귄입니다. 황제펭귄이 발견되기 전에는 킹펭귄이 가장 큰 펭귄이었다고 합니다. 황제펭귄은 다른 펭귄과 다른 점이 몇 가지 있습니다. 그것은 남극에만 서식하며, 겨울에 알을 낳는다는 것입니다. 아마도 종족 보전을 위한 그들만의 진화의 결과가 아니었을까요? 혹시 2005년 제작된 〈펭귄-위대한 모험March of Penguins〉이나 최근 우리나라에서 제작된 〈남극의 눈물〉을 본 적이 있나요? 강추위에서 알을 부화시키기 위한 아빠 펭귄의 모습, 새끼 펭귄에게 먹이를 먹이기 위해 알을 낳은 엄마 펭귄이 약 4개월에 걸쳐 먼바다로 이동해서 먹이를 배 속에 채워 돌아와 태어난 새끼에게 먹이를 먹이는 모습은 커다란 감동으로 다가옵니다.

이런 황제펭귄의 수가 줄어들 것이라는 우려의 연구 결과가 있습니다. 황제펭귄은 다른 펭귄들과는 달리 바다 얼음 즉, 해빙에서 새끼 펭귄을 키웁니다. 그런데 남극에서의 환경 변화로 이 해빙이 줄어들 것으로 예상되는데, 그로 인해 황제펭귄 개체 수가 줄어들 것이라는 것입니다. 해빙은 또한 남극 생태계에서도 중요한 역할을 합니다. 황제펭귄은 물고기, 오징어, 크릴을 먹으며, 이 생물들은 식물과 동물 플랑크톤을 먹고 삽니다. 그리고 이 플랑크톤들은 주로 해빙의 밑에서 성장하는데 이 해빙이 줄어들거나 사라지면 먹이 사슬에 큰 변화가 생기게 되겠죠. 이런 두 가지 큰 이유로 남극 해빙의 변화가 황제펭귄의 생존에 큰 영향을 주게 됩니다.

얼어붙은 바다 아래에는 어떤 생물이 살고 있을까요? 겨울을 나면서 추위가 더해져 바다가 2미터 가까운 두께의 얼음으로 덮이더라도 바다에 물고기들이 있을까요? 장보고기지에서 7월 말에 측정한 얼음 두께는, 기지 앞바다는 약 1.8미터, 조금 멀리 나가면 1.5미터 정도였습니다. 해빙 두께를 측정하면서 바닷속 물고기도 채집했는데 남극대구는 두꺼운 얼음 속에서도 여전히 살고 있었습니다. 남극대구의 크기는 17~27센티미터에, 무게는 55~285그램이었습니다.

해빙에서의 연구 활동 중 또 하나는 남극은어 알 채집이었습니다. 장보고기지에 이웃한 이탈리아 기지에서는 오랫동안 남극은어에 대해 연구해 왔습니다. 남극은어는 남극의 먹이 사슬에서 중요한 역할을 하고 그 개체수가 많은데 비해 연구는 적었다고 합니다. 최근까지 알려진 사실 중의 하나는 장보고기지가 있는 테라노바 만이 현재까지 발견된 남극은어의 유일한 산란지역이라는 것입니다. 이탈리아 연구진의 남극은어 연구는 주로 10월인 남극의 봄에 이루어졌습니다. 그것은 이탈리아 기지는 월동기지가 아니기 때문입니다. 그래서 남극은어의 산란 시기를 알고 싶어서 장보고기지로 은어 알 채집을 요청해 왔습니다. 6월과 7월, 2번의 알 채집을 시도했지만 알을 얻지는 못했습니다. 다만, 아주 작은 크릴만 두세 마리가 있었습니다. 남극은어 알 채집의 방법이 문제인지 아니면 기지에서 좀 더 먼 곳에서 채집을 했어야 하는 것인지, 아니면 아직 산란기가 아니기 때문일 수도 있습니다. 은어 알은 9월 중순이 되어서야 겔라쉬 인렛에서 처음 발견되었고, 나중에는 기지 주변에서도 발견되었습니다.

캠벨 빙설 끝단, 쉴드 누나탁, 오스카 포인트를 잇는 삼각형 지역을 은어만이라 합니다. 그래서 산란기를 정확히 확인하기 위해서는 현재의 은어 알 채집 위치보다 더 먼 곳으로 나아가야 할 듯합니다. 약 2만 마리의 황제펭귄이 사는 군서지는 테라노바 만의 가장 북쪽인 워싱턴 곶에 있는데 이곳에서 은어만까지는 멀지 않습니다. 황제펭귄 군서지가 이곳에 있는 이유 중의 하나가 남극은어 때문이 아닐까 합니다. 동계 기간 장보고기지의 기온은 평균 영하 30도 전후이기 때문에 야외에서 오래 활동할 수가 없습니다. 또한 바람이 불게 되면 체감 온도는 영하 50도까지 떨어질 수 있습니다. 따라서 동계기간에 보다 먼 곳에서의 활동을 위해서는 이 곳 기상에 대한 더 나은 이해를 기반으로 기상 예보가 더 잘 이루어지고, 바다 얼음에 대한 확실한 정보 확보가 이루어진 후에나 가능할 듯합니다.

무시무시한 남극의 바람

남위 74.5도에 위치한 장보고기지에서는 백야뿐만 아니라 연중 구십여 일 동안 자정에도 해를 볼 수 있으며, 또한 비슷한 기간 동안 정오에도 해를 볼 수 없는 극야를 경험합니다. 자정에도 해가 지지 않는 기간에는 눈이 녹아 노출된 지면과 해빙이 사라진 바다로 하루 종일 내리쬐는 햇빛의 많은 부분이 흡수되어 여름에는 기온이 영상 7도까지 오를 수 있습니다. 반면에, 태양이 없는 극야 기간에는 영하 35도

밑으로 떨어지기도 합니다. 특히 겨울철의 바람이 더 강한데 그로 인한 체감 온도는 영하 50도에 이릅니다. 하지만, 한창 추울 것으로 예상되는 한겨울에 내륙에서 강한 바람이 불면 지면과의 마찰로 발생한 난류가, 지면 주변의 찬 공기와 높은 곳에 있는 따뜻한 공기를 섞어 기온이 영하 10도까지 올라가기도 합니다(참고로, 겨울에는 지면 근처 기온이 가장 낮으며, 어느 높이까지는 위로 갈수록 기온이 올라갑니다).

다른 대륙과 달리 남극의 지배적인 기후학적 특징 중의 하나는 전 대륙이 하나의 바람에 의해 영향을 받는다는 것인데, 그 바람이 활강풍katabtic wind입니다. katabatic의 뜻은 '언덕을 내려가는'이라는 그리스어의 katabatikos에서 유래했는데, 경사진 표면 근처의 차가워진 공기가 중력에 의해 경사면을 따라 아래로 부는 바람을 가리킵니다.

남극대륙의 약 98퍼센트는 얼음과 눈으로 덮여 있는데, 경사는 내륙에서는 완만하다 연안 근처에서 급해집니다. 그래서 내륙에서 약하게 부는 바람이 연안에 가까워지면서 풍속이 증가합니다. 또한 호스의 앞부분을 손으로 누르면 물줄기가 빠르게 나아가듯 활강풍이 타고 내려가는 빙하가 내륙에서는 넓고 연안으로 갈수록 좁아지거나 또는 여러 빙하를 통해 연안으로 불어 내려가는 바람이 연안 근처에서 서로 만나면 더 강하고 지속적인 바람이 만들어집니다. 테라노바 만의 리브스 빙하와 프레슬리 빙하를 타고 내려온 바람이 난센 빙상에서 만난 경우가 그 경우입니다. 따라서 남극의 지형을 살펴보는 것만으로도 어느 곳이 풍속이 강하고 약한지를 추정할 수 있습니다. 보통 알려진 연안에서의 활강풍의 세기는 초속 5~10미터입니다.

갑작스런 질문이지만 남극에서 기록된 가장 강한 바람은 얼마나 셀까요? 장보고기지에서 북서쪽으로 약 1,200킬로미터 떨어진 곳에 프랑스 월동기지인 뒤몽더빌기지가 있습니다. 이 기지가 위치한 아델리랜드는 활강풍의 영향을 받는 지형적인 특성으로 연평균 풍속이 초속 10미터의 바람이 강한 곳으로 알려져 있습니다. 1972년 7월 뒤몽더빌기지에서 측정된 풍속은 시속 327킬로미터(초속 약 90미터)였습니다. 이 풍속은 지구상에서 가장 강한 바람으로 미국의 워싱턴 산에서 측정된 풍속과 같습니다. 우연히 이 값들이 서로 같은데 그것은 아마도 당시 풍속계가 측정할 수 있는 한계 때문일 수도 있습니다. 요즘은 초속 100미터이상을 측정할 수 있는 풍속계를 사용할 수 있습니다. 뒤몽더빌기지에서 동쪽으로 약 120킬로미터 떨어진 케이프 데니슨도 역시 지형적인 영향으로 연평균 풍속이 뒤몽더빌기지 풍속보다 두 배 이상인 초속 22미터로 알려져 있는데 가히 매일 태풍이 지나간다고 할 수 있습니다.

장보고기지가 위치한 테라노바 만 역시 바람이 강한 곳으로 알려져 있지만, 다행히도 장보고기지 평균 풍속은 강하지 않습니다. 이 역시 지형 때문입니다. 기지의 북쪽에는 남서 또는 남동 방향으로 큰 빙하가 흘러 빙하를 타고 내려오는 활강풍의 영향을 직접적으로 받지 않으며, 또한 산들이 병풍처럼 기지를 둘러싸고 있어 일부 빙하를 타고 내려오는 활강풍을 막아 줍니다. 반면에 이탈리아 기지의 경우 장보고기지의 풍속보다 강한데 이것은 인접한 리브스 빙하와 프레슬리 빙하를 타고 내려오는 활강풍의 영향을 더 많이 받기 때문입니다. 하지

날리는 눈 위로 보이는 파란 하늘

만 장보고기지에서도 강풍이 부는 경우가 있습니다. 남반구 중위도에서 남극대륙으로 침입해 들어오는 저기압이 남극대륙에 자리한 고기압과의 세력 싸움으로 초속 35미터 이상의 태풍급 강풍이 지속되기도 합니다.

강한 바람은 그 자체로도 위협적이지만 바닥에 쌓인 눈을 날리게 만들어 시정을 매우 나쁘게 합니다. 그 경우 백야 등의 밝고 맑은 날씨라 하더라도 몇십 미터 앞을 구분하기 힘들게 만들기 때문에 이때는 야외활동은 전혀 할 수가 없으며, 야외에 있는 경우라면 움직이지 말고 바람이 잦아들기를 기다려야 안전합니다. 재미있는 현상은 활강풍이 발생하는 기상 조건은 일반적으로 맑은 날 충족되기 때문에 아래쪽에서는 시정이 안 좋더라도 그 위는 파란 하늘이 보입니다.

멜버른 산 정상에 나타난 렌즈구름의 일종인 모자구름

렌즈구름을 통해 보이는 대기 파동

바람, 높은 산 그리고 낮은 기온이 만들어 내는 구름의 향연

장보고기지에서 구름이 없는 어두운 밤 대원들이 기대하는 광경이 오로라라면, 낮에는 다양한 구름의 향연을 즐길 수 있습니다. 오로라는 맑은 날이면 거의 대부분 나타나는데 비해 구름은 예상치 않게 나타납니다. 문득 누군가가 쳐다본 하늘에서 발견한 특이한 구름은 곧 많은 대원들의 카메라를 불러옵니다. 특이한 구름 중에서 상대적으로 자주 나타난 구름은 렌즈구름입니다. 이 구름은 이름 그대로 볼록렌즈 모양을 하는데 처음 생성된 곳에서 움직이지 않고 가만히 머뭅니다. 높은 고도에서 발생하는 중층운(2-6킬로미터 사이의 구름) 고적운 계열로, 2,700미터 보다 높은 멜버른 산 정상에 자주 나타나는 편이지만 다른 방향에서도 볼 수 있습니다. 렌즈구름은 대기가 안정한 상태(지면으로부터 고도가 높아질수록 기온이 높아지는 대기 상태)에서 수분을 가지고 있는 강한 바람이 높은 산이나 산맥을 넘으면서 생깁니다(자세한 내용은 "더 알고 싶은 남극"에서 설명합니다). 렌즈구름은 하나, 또는 둘 셋이 동시에 나타나기도 하는데, 2014년 8월 24일에는 여러 개의 렌즈구름이 줄줄이 나타나기도 했습니다.

장보고기지가 위치한 남극에서 일출과 일몰 없이 밤이 지속되는 극야기간에는, 기온이 영하 30도 이하로 떨어지는 경우가 많으며, 이 기간 성층권에서의 기온은 그보다 훨씬 낮은 영하 70~85도에 이릅니다. 이러한 낮은 기온으로 성층권에는 아주 적은 양이라도 수증기로부터 얼음 결정이 만들어져 독특한 구름을 목격할 수 있습니다. 일

대류권 구름 위로 나타난 성층권의 진주 색의 자개구름

무리, 무리해 그리고 천정호

상에서 우리가 보는 구름은 대류권에서 발생하지만, 추운 남극과 북극에서는 대류권 위의 성층권에서도 얼음 결정에 의한 구름이 생겨나기도 합니다.

극성층권 구름으로 알려져 있는 자개구름(혹은 진주모운)은 지상 15~25킬로미터 사이의 성층권 하부에서 나타나며, 보통 위도 50도 이상인 지역에서 주로 관측됩니다. 자개구름은 지평선 너머에서 태양빛이 구름을 비추는 겨울철 일출 전이나 일몰 후 시간에 나타나는 경우가 많습니다. 장보고기지에서는 극야가 끝나고 백야가 찾아오기 전에 나타났는데 진주처럼 아름다운 색깔은 신비롭다는 생각마저 들게 합니다.

또 하나의 멋진 광경은 무리halo입니다. 우리가 보통 보는 무리는 구름이 태양이나 달을 가릴 때 태양이나 달의 둘레에 생기는 둥근 테

중간권에서 나타나는 야광운

입니다. 관찰자와 태양 사이 대기 중에 있는 얼음결정(빙정)에 의해 햇빛이 굴절되면서 나타나는 광학 현상입니다. 빛의 각도에 따라 여러 가지 형태의 무리가 만들어집니다. 사진은 무리뿐만 아니라 무리해(해처럼 보이는 밝은 두 개의 점) 그리고 천정호(태양 위의 뒤집힌 형태의 무지개)가 동시에 나타난 모습입니다. 무리는 극지에 나타나는 고유한 현상이 아니라 지구상 어느 곳에서도 볼 수 있습니다. 반면에 무리해, 천정호 역시 다른 곳에서도 볼 수는 있지만 드물게 나타나며, 이들을 동시에 보는 것은 더 드문 일입니다. 장보고기지에서는 여러 가지 무리가 한꺼번에 나타나서 모든 월동대원들이 그 아름다운 모습에 탄성을 지르며 감상했습니다. 이런 현상을 볼 수 있는 것도 남극의 극한 조건에서 생활하는 데 대한 선물일지도 모르겠습니다.

극야가 끝나고 나타난 자개구름과 함께 또 하나 보기 드문 구름의 출현이 있는데 그것은 야광운입니다. 야광운은 성층권에서 생기는 자개구름보다 훨씬 높은 80~90킬로미터의 중간권에서 생깁니다. 이 중간권에 존재하는 아주 적은 수증기가 승화하여 빙정이 되는데 그 빙정이 빛을 반사해서 지상에서 관측할 수 있는 것으로 알려져 있습니다. 육안으로 중간권이 어디인지를 볼 수 있다는 게 신기하지 않나요?

하루 종일 낮/하루 종일 밤

남반구에 있는 남극에서의 하루는 북반구에 있는 우리나라와 많이 다릅니다. 딱딱한 지구가 한 방향으로 자전을 하며 낮과 밤을 만들기 때문에 태양이 동에서 서로 움직이는 사실에는 변함이 없지만 태양이 움직이는 방향은 남반구와 북반구가 정반대가 됩니다. 우리나라가 있는 북반구에서는 태양이 동쪽에서 뜨고 남쪽을 지나 서쪽으로 지지만 남극을 포함한 남반구에서는 동-북-서의 방향으로 움직이는데 이는 반투명한 종이에 하나의 점을 찍어서 위에서 봤을 때 시계 반대 방향으로 회전시키는 동안 종이 아래에서 보면 시계 방향으로 회전하는 원리와 같습니다. 즉 북반구와 남반구에서 바라보는 하늘의 방향이 서로 반대여서 하루 중 태양의 운동이 다르게 보이는 것입니다.

남극은 남반구에서도 위도가 높은 지역이라 여름과 겨울에 매우 특이한 자연현상인 백야와 극야를 관측할 수 있습니다. 지구는 태양을 기준으로 1년에 한 번 공전하는데 지구의 자전축이 이 공전면에 대해

2014년 11월 초 자정 전후에 촬영된 태양의 이동.
태양고도가 가장 낮은 자정에도 여전히 지평선 위로 보이는 태양

약 66.5도 기울어져 있어, 지역에 따라서 태양빛이 입사하는 각도(지
구로 들어오는 태양에너지의 양을 결정함)가 달라져 계절변화가 생기게 됩
니다(참고로, 우리나라의 여름보다 겨울에 지구는 태양에 더 가깝습니다. 그렇
지만 겨울이 추운 이유는 지구 자전축이 기울어져 태양은 더 가까이에 있지만 단
위면적당 태양에너지가 더 적게 들어오기 때문입니다). 남극과 북극은 지구
의 자전축과 그 주변에 위치하기 때문에 북반구의 여름인 6~8월에는
북극이, 남반구의 여름인 12~2월에는 남극이 태양 방향으로 향해 있
어 밤에도 해가 지지 않는 백야가 발생하고 겨울에는 해가 지평선 위
로 뜨지 않는 극야가 일어납니다. 이러한 극지방에서의 백야와 극야
가 생기는 지역의 위도는 지구 자전축의 기울기와 같은 66.5도입니
다. 따라서 장보고기지가 있는 위도 74도에서는 여름철 백야와 겨울

장보고기지 본관 건물 위로 펼쳐진 오로라

철 극야가 존재하지만 위도 62도에 있는 세종기지에서는 백야와 극
야가 일어나지 않습니다.

맑은 날 밤 녹색과 붉은 옷을 입고 나타나는 오로라

장보고기지에서 관측할 수 있는 경이로운 자연현상 중에서 그리스
로마 신화에 나오는 새벽의 여신 오로라를 빼놓을 수 없습니다. 태양
을 비롯한 우주에서 지구로 날아드는 전기적 성질을 띠는 입자가 지
구 대기를 구성하는 산소, 질소와 충돌하면서 우리 눈으로 관측 가능
한 빛을 내는 데, 이를 오로라라고 합니다. 오로라를 극지방에서만 관

측할 수 있는 이유는 막대자석과 유사한 지구의 자기장 분포 때문입니다. 극지방은 막대자석의 극과 같이 자기장이 조밀하게 모이는 지역이기 때문에 전기적 성질을 띠는 입자가 지구 자기장을 따라서 극지역 대기로 들어와 대기 성분들과 충돌을 일으킵니다.

오로라의 색깔은 반응하는 대기 성분의 종류에 따라 결정이 되는데, 지상 90~150킬로미터 고도에서는 산소 원자에서 방출되는 초록색의 오로라가 주로 관측되며 그보다 높은 고도(지상 200킬로미터 이상)에서는 역시 산소 원자에 의한 붉은색의 오로라가 약하게 나타납니다. 오로라는 구름이 형성되는 고도보다 훨씬 높은 곳에서 발생하기 때문에 맑은 날에만 관측이 가능하며 사진으로 보는 것처럼 뚜렷하지 않아 해가 진 이후 밤 시간에만 볼 수 있습니다. 어두운 밤하늘에 나타나는 옅은 구름은 가끔 오로라와 혼동되기도 합니다. 더 관심이 있으신 분은 《극지과학자가 들려주는 오로라 이야기》(안병호·지건화 저)를 권해 드립니다.

남극장보고과학기지 제1차
장보고주니어 극지홍

▶ 일시 1. 15 (수) 10:30   ▶ 장소

월동대 선발과 기지 도착

2014년 1월 해양수산부에서 거행된 월동연구대 발대식

대원선발과 극지적응훈련

장보고기지에서 1년을 지내는 사람들은 어떤 자격을 갖추어야 할까요? 장보고기지가 과학 활동을 위한 기지이긴 하지만 1년간 문명세계와 떨어져 독자적으로 지내려니 극지를 연구하는 연구자뿐 아니라 다양한 분야의 전문가가 필요합니다.

남극의 과학기지들은 최근 풍력과 같은 재생에너지 활용을 극대화하기 위해 노력하고 있지만, 가장 보편화되고 안정적인 방법은 디젤발전기를 가동하여 기지 운영에 필요한 동력원을 확보하는 것입니다. 이렇다 보니 발전기를 운영할 전문가와 발전기가 생산한 전기를 기지 각 곳으로 보내서 사용할 수 있도록 하는 전기전문가가 필요합니다.

또 각종 배관과 냉장·냉동기 등을 관리할 설비 전문가도 필요합니다. 남극과 같은 곳에서 왜 냉장·냉동기가 필요할까라고 의문을 가질 수 있지만 식품과 연구시료 등을 장기간 안정적으로 보관하기 위해서는 온도를 일정하게 유지하는 냉장·냉동기가 필수적입니다.

남극기지는 고립되어 있다 보니 국내와 정기적인 업무연락과 비상 시 비상연락을 유지하는 것이 매우 중요합니다. 즉 국내와 통신망을 유지할 수 있는 위성통신장비 등을 갖추고 있는데 이를 운영하고 관리할 통신전문가가 필요합니다.

한편, 혹한의 추위에서 연구 활동과 기지 유지를 위해서는 굴삭기, 크레인 등과 같은 중장비가 필요합니다. 남극에선 한여름에도 땅이 얼어있고 대개는 땅이 흙이 아닌 암반으로 되어 있어 굴삭기 한 대로 2제곱미터의 땅을 1미터 깊이로 파려면 한국이라면 1시간도 걸리지 않는 일이지만 이곳에서는 보통 반나절이 걸린답니다.

15~17명의 월동대원이 1년간 먹고살아야 하니 음식을 할 요리사가 필요합니다. 조리대원은 한식은 기본이고 외국기지에서 방문객이 있거나 하계기간에 참여하는 외국연구자를 위해서 양식요리도 필수랍니다. 혹한의 기온에서 제한된 공간에서 생활하다 보니 대원들에게 먹는 즐거움은 아주 중요하고 하루 세끼의 식사시간은 각 분야의 공간에서 생활하다가 한자리에 모일 수 있는 시간으로 대원들의 신체적·정신적 건강을 확인할 수 있는 자리이기도 합니다. 그런 만큼 조리대원은 음식 솜씨뿐 아니라 상냥함과 친화력이 필수적입니다.

월동대원들은 출발 전에 건강검진을 받지만 혹한지에서의 생활은 건강에 갑작스런 변화를 가져올 수도 있고 혹한의 야외에서 활동하다 보면 부상의 위험이 늘 따라다닙니다. 그래서 대원들의 건강관리와 부상이 발생할 경우 이를 처치하기 위해 의사 또한 필수적이랍니다.

야외 활동을 할 때 대원들의 안전 확보와 기지시설물의 소방관리

등을 위해 안전분야를 담당하는 대원도 있습니다. 안전대원은 소방방재청에 근무하는 경력자 중 추천을 받아 선발하고, 발전을 담당하는 대원은 해경에서 추천을 받아 선발합니다.

다른 분야는 공모를 통해 선발하는데 각 분야에서 적어도 5년 이상의 경력을 갖추어야 합니다. 의사도 의료실무 3년 이상의 경력을 갖추고, 응급상황 시 응급수술을 집도할 수 있어야 하며, 외과·응급의학과 전문의를 우대합니다.

남극과학기지의 월동대 구성은 남극에서 과학기지를 운영하는 대부분의 국가들이 비슷하게 구성합니다. 기지의 입지 여건을 고려하여 분야 간 일부 조정이 있지만 특히 총무반과 시설유지반 구성은 거의 유사합니다. 이는 남극이란 혹독한 자연환경에서 독자적으로 1년을 살아가는 데 꼭 필요한 부분으로 구성되기 때문일 것입니다. 장보고기지는 주변에 월동하는 기지가 없어서 기지간 교류를 할 기회가 없지만 세종기지의 경우에는 기지 간 교류를 할 경우 각 업무담당자들이 교류하는 기지에서 자기와 같은 일을 하는 사람을 찾아서 동료의식을 느끼곤 한답니다. 세종기지는 다른 기지와 바다를 사이에 두고 있어 고무보트 운영이 필수적이기 때문에 해상안전 요원이 포함되며, 해경에서 추천하는 인원 중에서 선발을 하고 있습니다.

연구반은 그해의 중점연구분야에 따라 구성을 달리하지만, 보통 기상, 해양과학, 지구시스템, 대기과학, 우주과학, 생명과학 등이 포함됩니다. 장보고기지의 경우 운영 첫해로 연구장비의 세팅이 완료되지 않아서 우선 연구 활동이 가능한 기상, 대기과학 그리고 우주과학

장보고기지 제1차 월동대의 구성과 선발 방식

구분	구 성	자격 요건 및 선발
대장	대장	극지연구소 3년 이상 재직한 책임급 직원 중 소내 공모
총무반	총무	총무는 극지연구소 3년 이상 재직한 선임급 직원 중 소내 공모
	통신, 의사, 조리	해당분야 자격증 소지자로 5년 이상의 경력자, 의사는 의료실무 경력 3년 이상으로 대외 공모
연구반	기상, 우주과학, 대기과학	기상은 기상청에서 추천한 인원 중에서 선발. 대기과학은 극지연구소 소속 연구원 중 소내 공모, 우주과학은 대외 공모
시설 유지반	기관정비, 전기설비 기상, 기계설비, 중장비, 육상안전	해당분야 자격증 소지한 5년 이상의 경력자를 대상으로 대외 공모. 기관정비는 해경, 육상안전은 소방방재청에서 추천한 인원 중에서 선발. 추가로 장보고기지 1차 월동은 기지건설 직후로 건설사에서 전기설비와 기계설비 엔지니어 각 1명씩이 월동대에 합류하여 월동

세 분야만 포함되었지만 향후에는 다양한 분야의 연구자들이 참여할 것입니다. 월동대원들은 건강한 신체를 갖고 있어야 하며, 자기 분야에서는 누구보다도 전문적인 식견을 갖고 있어야 합니다. 더불어서 고립된 상태에서 장기간 지내야 하기 때문에 대원들 간에 서로를 배려해 줄 수 있는 마음과 인화력을 갖추고 있어야 합니다. 그렇기에 월동대원 선발은 1차 서류전형, 2차 실기시험, 3차 면접과 인성인터뷰, 4차 신체검사의 전형 과정을 거치게 됩니다.

엄격한 선발과정을 거친 월동대원은 국내에서 극지적응훈련을 받게 됩니다. GPS 사용법, 인명구조법, 소방훈련, 크레바스 구조 및 탈출, 해빙 탐사법 등 극지에서 생존을 위한 필수기초 훈련과정을 거치게 됩니다. 이 훈련과정을 통해 처음으로 모든 대원들이 함께 모여 서

남극탐험으로 유명한 섀클턴의 대원 모집 공고. 위험한 여정, 적은 급여, 혹독한 추위, 오랜 기간의 어두움, 상존하는 위험, 안전한 귀향 보장 못함, 성공할 경우 명예와 인정

로를 알아가는 시간도 갖게 됩니다.

　우리나라가 세종기지를 25년 이상 운영해 왔지만 남극대륙에서 월동은 처음이기 때문에 대원 선발에 신중을 기했습니다. 상황은 많이 다를 것으로 예상되지만 그래도 남극 경험이 있는 것이 월동을 비교적 수월하게 할 수 있을 것으로 판단되어 세종기지에서 월동경험이 있는 대원들이 많이 선발되었습니다.

강원도 백운산에서 극지적응훈련을 마치고

발대식과 출발

월동대 선발과 극지적응훈련을 마치고 나면 기지생활에 필요한 개인물품을 연구소에 보내 아라온 호를 통해 기지로 보낼 준비를 마치게 됩니다. 모든 준비가 끝나고 출발 전에는 정식으로 차대 발대식을 갖게 되는데 이번 장보고기지는 대륙에 건설한 첫 기지로 처음 월동을 하는 만큼 연구소 자체 행사로 하지 않고 해양부에서 장관행사로 진행되었습니다. 2014년 1월 15일 오전 10시 30분에 세종시 정부청사에서 해양부 장관을 비롯한 주요간부와 취재진이 참석한 가운데 발대식을 갖고 기자회견도 있었습니다. 발대식에는 장보고기지 준공에 맞추어 극지홍보를 위해 선발된 조부현 양과 김백진 군의 장보고주니어 임명식도 있었습니다. 월동대는 이날 오후 극지연구소로 자리를 옮겨 연구소 직원들과 상견례 및 장도를 축하하는 파티가 있었습니다. 이로써 출발을 위한 공식적인 모든 행사가 마무리되었고 이제 출발만 남았습니다. 발대식은 대개 11월에 해왔고 앞으로도 그럴 것으로 예상되는데 이번에는 기지건설 일정에 맞춰 월동대를 투입하다 보니 1월에 개최하게 되었던 것입니다.

장보고기지로 들어가는 아라온 호 승선은 뉴질랜드 크라이스트처치에서 합니다. 많은 분들이 한국에서부터 아라온으로 가는 것으로 생각하는데 그러면 이동에 너무 많은 시간이 걸리기 때문에 남극기지로 가는 월동대원과 하계대원들은 대부분 남극으로 가는 관문도시(칠레의 푼타아레나스, 뉴질랜드의 크라이스트처치, 오스트레일리아의 호바트, 남아프리카공화국의 케이프타운, 아르헨티나의 우슈와야)까지는 항공편으로 이동하고 그곳에서 항공기나 선박을 이용합니다. 장보고기지와 가장 가까운 남극관문도시는 뉴질랜드의 크라이스트처치로, 기지에서 약 3,500킬로미터 떨어져 있습니다.

월동대는 2014년 1월 25일 항공기 출발 3시간 전에 공항에 모여 필요한 수속을 마치고 사랑하는 가족과 연구소 직원들과 1년 뒤에 건강하게 다시 만날 것을 약속하며 출발했습니다. 크라이스트처치까지는 거리가 멀어서 뉴질랜드의 오클랜드나 호주의 시드니를 경유하는 방법을 택하는데 오클랜드를 경유할 경우 짐을 모두 찾아서 국내선으로 다시 보내야 합니다. 하지만 호주 시드니를 경유할 경우는 국제선으로 짐을 자동으로 최종목적지인 크라이스트처치까지 보내주기 때문에 짐이 많은 월동대는 시드니 경유를 택했습니다.

1월 25일 19시 5분에 인천공항을 출발한 항공기는 10시간 5분을 날아서 호주 시드니에 1월 26일 아침 7시 10분에 도착했습니다. 뉴질랜드 크라이스트처치로 가는 비행기를 타기 위해 환승창구에서 새롭게 수속을 하고 인천에서 부친 짐이 제대로 따라오는지를 확인했습니다. 약 2시간 20분의 대기시간을 공항에서 보내고 10시 15분에 비행기를 타고 다시 3시간 5분의 비행을 통해 오후 3시 20분에 남극으로 가는 관문도시 중의 하나인 크라이스트처치에 도착했습니다.

크라이스트처치는 약 29만 명이 거주하며 도시 곳곳에 공원이 있어 '가든시티'로 알려져 있습니다. 또한 우리나라 송파구와 자매결연을 맺고 교류가 활발하며 교민도 다수 살고 있어 곳곳에서 우리말

간판을 볼 수 있습니다. 이곳에는 남극국가운영자회의 사무국이 있고, 국제공항 바로 옆에 남극센터가 있으며 뉴질랜드 남극연구소도 위치해 있습니다. 또한 해마다 남극시즌이 시작되는 9월 말 10월 초에는 ICEFEST라는 남극축제를 개최하기도 합니다. 시내 중심지역에는 2010년 발생했던 지진 피해복구가 활발하게 진행되고 있었습니다.

아라온 호가 물품 선적을 하는 동안 시내에서 이틀간 대기한 후 1월 28일 차로 약 30분 정도 떨어진 리틀턴 항구로 이동하여 아라온 호에 승선하였습니다. 하지만 아라온 호의 급유가 지연되어 하루를 대기하고 30일 리틀턴 항을 출발해 남극으로 향했습니다. 설레는 마음도 잠시 배가 항구를 출항한지 얼마 되지 않아 벌써 배멀미를 하는 대원들이 있었고 이는 남극수역에 가까워져 바다에 떠있는 얼음들이 배의 흔들림을 잡아줄 때까지 계속되었습니다. 하지만 항해 중에도 동행한 장보고주니어의 다양한 궁금증을 풀어주고 취재진의 취재요청에도 적극 응했습니다. 어느 책에서인가 남극수역에 들어오면 물 위에 떠있는 얼음에 태양빛이 반사되어 갑자기 하늘이 밝게 보인다고 했는데 그런 것을 느낄 수는 없었지만 멀리 떠있는 빙산이 태양빛을 받아 붉게 반사되는 모습은 볼 수 있었습니다. 약 7일간의 항해를 거쳐 2월 7일 저녁에 드디어 공사가 한창 진행 중인 장보고기지 앞에 도착해 다음날인 2월 8일 기지에 상륙하여 긴 여정을 마쳤습니다.

해양수산부에서 거행된 월동대 발대식

출국 전 가족들과 함께 인천공항에서

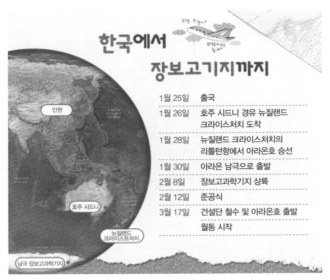

한국에서 장보고기지까지 이동 경로

뉴질랜드 크라이스트처치에서 머물렀던 호텔 앞에서 다같이 찰칵

리틀턴 항에 정박하여 선적 중인 아라온 호

남극이 가까워짐을 알려주는 해빙 조각들

멀리 빙산이 태양빛을 받아 붉게 빛나고 있다.

긴 여정 끝에 도착한 장보고기지는 공사중

장보고기지 제 1차 월동대의 면면

(* 이 부분은 2014년 월동 기간 각각 다른 시기에 기술되었습니다.)

진동민(대장)

담당분야 장보고기지 제1차월동연구대장 진동민입니다. 기지대장은 월동연구대원과 기지를 대표하며, 기지에서의 안정적 시설유지관리를 비롯한 전반적인 상황을 지시하고 통제를 하며 기지 운영에 관한 책임을 집니다.

가족 관계 화천에서 군 복무 중인 아들 하나와 아내가 있습니다. 94세인 노모를 셋째 형님 내외가 모시고 있습니다.

과거 월동경험 유무 우리나라에서 월드컵이 개최되었던 2002년에 15차 월동대로 세종기지에서 한차례 월동을 했습니다. 하계대로 세종기지를 다섯 차례 방문했으며, 장보고기지 부지확정 후 장보고기지도 두 차례 방문한 경험이 있습니다.

세종기지 월동과의 차이점 장보고기지가 세종기지와 다른 점은, 훨씬 남쪽에 위치하여 세종기지보다 혹독한 겨울과 극야를 경험할 수 있다는 점과 월동기간 중에는 항공기와 쇄빙선의 접근이 불가능하여 완전 고립된다는 점입니다. 세종기지 주변에는, 중국, 러시아, 칠레, 아르헨티나, 우루과이, 체코 기지가 있어 겨울에도 기지 간 왕래를 할 수 있지만 이곳 장보고기지는 주변에 상주기지가 없어 길고 외로운 남극의 겨울을 오직 장보고기지 월동 대원들 서로가 형제처럼 아끼고 이해하며 보내야 합니다.

진동민 대장

장보고기지에 첫발을 내디뎠을 때의 느낌 제가 장보고기지를 처음 방문한 것은 2012년 1월 17일. 그때는 대륙기지를 건설할 부지를 확정하기 위한 대표단의 일원이었습니다. 2013년 2월에는 월동대장으로 내정되어 사전 업무파악을 위해 기지를 방문했습니다. 대원 선발과 훈련, 발대식을 거쳐 2014년 1월 25일 한국을 출발하여 1월 30일 뉴질랜드 크라이스트처치에서 아라온 호를 타고 2월 8일 기지에 도착했을 때는 마치 긴 여정을 마치고 집에 온 것과 같은 기분이었습니다.

월동기간 중 계획이나 목표 남극대륙에서 처음으로 경험하는 월동인 만큼 아무런 사고 없이 안전하게 대원들과 더불어 1년을 잘 보내는 것이 가장 큰 목표입니다. 개인적으로는 성경책을 일독하는 것입니다.

최태진(대기과학연구원)

담당 분야 장보고기지 제1차 월동대 대기과학대원 최태진입니다. 이번 월동에서는 대기과학 연구장비뿐만 아니라 모든 연구 및 기지 운영의 기초 자료를 제공하는 기상 관측 시스템을 기상대원과 함께 설치하고 운영합니다. 기상 및 대기물리 연구를 담당하고 있습니다.

가족 관계 인천에서 아내와 딸(서원) 세 식구가 단란하게 살고 있습니다.

월동연구대 지원 동기 우리나라의 남극대륙 기지 건설 및 이에 기반한 연구는 분명 남극 기반 연구에 큰 기여를 할 것으로 기대합니다. 반면에, 선진국의 경우 이미 1950년대 후반부터 남극대륙에서 기지를 운영해오면서 장기간의 관측 자료를 확보해 오고 있습니다. 이런 상황에서 장보고기지 기반 연구의 방향에 대해 고민하지 않을 수 없었습니다.

다행히도 장보고기지는 남극 태평양권의 대륙 연안에 위치한 상주 기지이기 때문에 이곳의 지리적 특성을 고려하면 많은 연구가 가능함을 그동안의 조사를 통해 알 수 있었습니다. 특히, 대기과학 기반의 기후변화 연구에서는 장보고기지를 세계기상기구의 지구대기감시프로그램GAW의 지구급 관측소, 지구빙권감시프로그램GCW의 슈퍼관측소로 운영하기로 내부적으로 결정하였고, 계획도 수립한 상황입니다. 이를 위해서는 이곳 현장 특히, 월동기간에 대한 환경 이해가 필수적이라 판단하여 1차 월동을 지원하게 되었습니다. 지난 몇 년간 획득된 기상 자료, 2014년 새로 설치된 연구장비, 그리고 이곳에서 생활하면서 관측한 기상 현상을 토대로 향후 연구장비 운영을 포함한 연구방향에 대한 구체적인 그림을 그리고자 합니다.

극지와 관련하여 잊지 못할 경험 우선, 돌아가신 정경호 박사님 기억이 많이 납니다. 2010년 아라온 첫 남극 항해에서 기지건설 최종 후보지 조사활동을 같이 했고, 그 후 북극해 연구 항해도 같이 한 적 있지만, 2008년 후보지 조사를 같이 가기로 했으나 호주 멜버른 부두에서 혼자 14명의 조사단을 배웅만 하신 모습이 아직도 눈에 선합니다.

재미있었던 에피소드는 시간이었습니다. 2008년 남극 제2기지 후보지 조사를 위해 러시아 배를 타고 남극의 반을 돌았을 때 매일 하루에 한 시간을 앞당겨 아침, 특히 토요일 아침 계란 프라이를 제대로 못 먹었던 기억이 있습니다. 2010년 건설 후보지 정밀 조사 현장에서 방문 목적이 다른 러시아 연구진들과 같은 장소에서 함께 생활하게 되었는데 우리는 뉴질랜드 시각을, 러시아는 남아프리카공화국 시각을 사용하여 백야였던 한 곳에서 서로 밤낮이 바뀌는 경험을 한 것도 매우 특이하였습니다. 또한 그 기간 동안 제대로 씻지도 먹지도 못하면서 열심히 조사활동을 한 것이 아직도 기억이 생생합니다. 하지만, 앞으로는 첫 대륙에서의 월동 그것도 극야를 16명의 대원들과 무사히 보람되게 보낸 시간이 되지 않을까 합니다.

장보고기지에 첫발을 내디뎠을 때의 느낌 2010년 2월 정밀조사차 장보고기지에 처음 발을 디뎠습니다. 바위투성이의 땅, 펭귄은 안 보이고 남극도둑갈매기만 날아다녀 세종기지와는 사뭇 달라 낯설었지만, 멀리 백두산보다 높이 솟아 있는 멜버른 산과 기지 북쪽의 북동에서 남서 방향으로 이어지는 끝이 안 보이는 빙하 그리고 빙설은 대륙의 기개를 느낄 수 있어 매우 인상적이었습니다.

월동기간 중 계획이나 목표 우선 월동 지원 동기에서 말한 바와 같이 기지 기반 연구 계획에 대한 구체적인 그림을 그리려 합니다. 그

최태진 대원

러기 위해서 연구와 관련하여 논문을 많이 읽을 계획입니다. 과거 획득된 자료와 현재의 자연 현상에 대한 관측을 통해 이곳 환경을 이해하고 그와 관련한 논문도 쓰고자 합니다. 틈틈이 교양도서도 읽어 인문학적 소양도 쌓고, 무엇보다 일생 처음 겪는 월동 및 극야 기간을 대원들과 즐겁게 보내고 싶습니다.

가족에게 하고 싶은 말 아내 서이화에게는 남편의 역할과 아빠의 역할을 부담 지워 미안하고, 우리 공주 서원이에게도 아빠의 빈자리로 힘들지 않을까 걱정입니다. 1년 동안 서로 공유하지 못하는 시간이 아쉽지 않도록 열심히 노력하겠다는 말을 전하고 싶습니다. 사랑합니다.

최영수(중장비대원)

담당 분야 기지 내 차량 및 중장비를 담당하고 있습니다.

월동대 근무에 대한 가족들의 반응 처음에는 반대를 많이 하셨지만 지금은 많이 응원해주고 계십니다. 홀어머니께서 걱정을 많이 하

최영수 대원

십니다.

월동연구대 지원 동기 대륙에서의 첫 월동! 대한민국 사람 누구도 겪어보지 못한 그곳을 경험하며 남극 대륙의 신비를 직접 느끼고, 작지만 가지고 있는 능력을 과학연구발전에 기여하고자 지원하였습니다.

월동경험 유무 세종기지에서 21차(2007~2009년)로 월동한 경험이 있습니다.

세종기지 월동과의 차이점 세종기지는 빨간색 건물, 장보고기지는 파란색 건물입니다.

극지와 관련하여 잊지 못할 경험 세종기지에서는 알에서 막 부화한 펭귄새끼 사진을 찍었을 때와 웨델해표 새끼가 태어나는 모습을 직접 보았을 때 그리고 장보고기지에서 처음으로 오로라를 보았을 때

장보고기지에 첫발을 내디뎠을 때의 느낌 산뜻한 파란색 건물과 하얀 빙하들의 웅장함에 감동

월동기간 중 계획이나 목표 월동 중에 책을 써보려고 합니다.

대륙기지 제1차 월동대원으로서의 각오 대원 모두 건강하게 무사

귀환하여 평생을 형제처럼 지내고 싶습니다.

가족에게 하고픈 말 좋은 직장 잘 다니고 있다가 다시 월동하겠다는데 처음에는 반대도 많이 하셨지만 허락해주신데 감사드리며 항상 건강하게 지내시기를.

이창섭(우주과학연구원)

담당 분야 장보고기지 우주과학 연구원으로서 장보고기지 상공 중간권–열권(고도 90~250킬로미터)에서의 바람을 관측하여 그 특성을 연구하고 있습니다. 장보고기지가 지자기극에 인접해 있어 우주환경적 영향을 활발하게 받고 있기 때문에 오로라 현상과 이온권 관측에 매우 좋은 조건을 가지고 있습니다.

월동대 근무에 대한 가족들의 반응 혹한과 24시간 낮과 밤이 지속되는 극한의 환경 속에서 1년을 보내는 아들에 대한 부모님의 걱정이야 이루 말할 수 없으시겠지만, 아들에 대한 부모님의 아낌없는 믿음과 지원 덕분에 월동대 근무를 할 수 있었습니다.

월동연구대 지원 동기 남극대륙에서의 월동연구를 시작하는 선발 주자로서 앞으로 대한민국 극지연구의 올바른 방향을 제시하고 이곳 장보고기지에서 불모지에 가까운 극지 우주과학 분야가 바로 설 수 있도록 기여하고 싶습니다.

월동경험 유무 세종기지에서 20차(2007년) 월동연구대로 고층대기 연구 수행을 하였습니다.

세종기지 월동과의 차이점 세종기지는 남극반도 끝에 있어 항상

이창섭 대원

저기압의 영향으로 기상이 좋지 않아 강한 바람과 흐리고 눈이 오는 날이 많았습니다. 주변 외국 기지와의 활발한 교류는 월동 기간 중의 매우 중요한 활력소가 되었고 다양한 동물들이 기지 주변을 찾아 활기에 넘쳤습니다. 장보고기지는 여름에는 해가 지지 않는 백야가, 겨울에는 해가 지평선 위로 뜨지 않는 극야가 있으며 주변에 월동기지가 없어 오로지 월동대원들이 서로 배려하고 격려하며 지내야 합니다. 겨울 기간 동안 태양을 약 100일 동안 볼 수 없기에 비타민 결핍에 대해서도 대비해야 합니다.

극지와 관련하여 잊지 못할 경험 2007년 세종기지 주변 산꼭대기에서 부분 일식을 카메라에 담을 때와 반기문 유엔 사무총장님이 세종기지 방문하셔서 월동대 격려와 환경 보호의 중요성에 대해 말씀하실 때. 그리고 장보고기지에서 생애 첫 오로라를 보았을 때.

장보고기지에 첫발을 내디뎠을 때의 느낌 남극대륙에서 대한민국의 한 사람으로서 월동연구를 수행한다는 자부심과 자연에 대한 경외심

월동기간 중 계획이나 목표 우주과학 연구원으로서 연구장비를

잘 운영하고 자료를 분석하여 연구 논문을 써서 대한민국 남극장보고 과학기지에서의 첫 연구 결과를 학계에 소개하고 싶습니다. 개인적으로는 다양한 운동을 하고 그래픽/동영상 소프트웨어에 대한 기본을 닦는 것이 목표입니다.

대륙기지 제1차 월동대원으로서의 각오 가족과 같은 분위기 속에서 첫 월동생활의 고단함과 외로움을 극복하고 의미 있고 소중한 추억을 만들어 월동대원 모두가 건강하게 귀국했으면 합니다.

가족에게 하고픈 말 어려운 환경 속에서도 모든 지원과 사랑을 베풀어 주신 부모님께 언제나 감사드리며 항상 건강하시길 바랍니다.

이성수(기계설비대원)

담당 분야 기본적으로 기지 생활에 필요한 물 생산 및 생활하수 처리와 냉장/냉동, 공조(공기조화기) 시스템 운영 관리와 그 외 전반적인 기지 시설 유지 관리 및 보수를 책임지고 있습니다.

월동연구대 지원 동기 세 차례의 세종기지 월동 경험을 바탕으로 새로 건설된 장보고기지의 조기 안정화에 조금이나마 기여하고 싶은 마음에 지원하게 되었습니다.

월동경험 유무 세종기지 20차(2007년), 22차(2009년), 24차(2011년) 세 번의 징검다리 월동 경험이 있습니다. 장보고기지 1차 월동대원 중 김홍귀, 이창섭 대원은 세종기지 20차 월동을 함께 했습니다.

세종기지 월동과의 차이점 장보고기지에서의 극야는 처음 경험한 것이기에 신기합니다. 세종기지에도 낮이 짧아지긴 하지만 위도상 완

이성수 대원

전한 극야는 없고 맑은 날에는 해가 보이지만 이곳은 전혀 해가 보이지 않습니다. 세종기지보다 위도가 12도 이상 남극점에 가까워 세종기지보다 훨씬 추우며, 바다가 어는 기간도 훨씬 깁니다. 오로라도 세종기지에서 보지 못한 광경인데 잊지 못할 추억이 될 것입니다.

극지와 관련하여 잊지 못할 경험 세종기지 20차 월동 때 반기문 유엔 사무총장님 방문하셔서 격려해 주시고 대원 개인별로 사진 촬영 해주셨을 때가 가장 기억에 남습니다.

장보고기지에 첫발을 내디뎠을 때의 느낌 긴 기다림 끝에 드디어 왔구나, 또 한 가지는 그때까지도 한창 공사 중이라 과연 월동할 수 있을까 걱정이 앞섰지만, 3개월이 지난 지금까지 월동에 필수적인 시설들은 잘 작동을 하고 있어 생활에 큰 불편함은 없습니다.

월동기간 중 계획이나 목표 자격증 공부하기 위해 준비해 온 자료 최소 3번 탐독을 목표로 하고 있습니다. 한국에 있을 때와 비교하면 자기 발전에 할애할 시간이 많은 것은 사실이지만 특수한 환경에 있다 보니 목표 달성을 위해서는 스스로의 노력이 많이 필요합니다.

대륙기지 제1차 월동대원으로서의 각오 월동 대원 모두가 고립된 환경 속에서 몸도 마음도 모두 지혜롭게 대처하여 밝은 모습으로 가족의 품으로 돌아갔으면 좋겠습니다. 그리고 마음속에 첫 대륙기지 월동대로서 성공적인 임무를 마쳤다는 보람도 함께 가지고 돌아갔으면 합니다.

이상훈(전자통신대원)

담당 분야 문명 세계와 소통을 가능하게 하는 인터넷을 연결해 주는 위성통신설비, 기지에서 눈과 귀가 되어주는 CCTV와 VHF 통신 그리고 통합관제를 통해 기지에서 가동 중인 장비를 24시간 모니터링 하고 있는 본관동 4층, 통신 및 관제실에 근무하고 있습니다.

월동대 근무에 대한 가족들의 반응 어린 두 아들과 사랑스러운 아내를 두고 오기가 쉽지 않았지만, 오랜 기간 아내와 대화를 나누며 어려운 결정을 내렸습니다. 처음엔 잘 다녀오라는 6살 큰아들이 공항에서 아빠 가지 말라고 하며 눈물을 흘릴 때 참 마음이 아팠지만, 그래도 사랑하는 아내를 믿고 떠나오게 되었습니다.

월동연구대 지원 동기 두 차례의 월동 경험과 통신 분야에서 다양한 경험을 살려, 2014년 첫선을 보인 장보고기지가 빨리 정상 운영되는데 기여를 하고자 지원하게 되었습니다.

월동경험 유무 세종기지에서 19차(2006년), 23차(2010년) 두 차례 월동한 경험이 있습니다.

이상훈 대원

세종기지 월동과의 차이점   세종기지의 무전기 16번 채널에서는 쉴 새 없이 스페인어 무전이 오고 가는데, 주변에 월동기지가 없는 장보고기지에서는 조용합니다. 가끔 대원들 간의 업무 연락만이….

극지와 관련하여 잊지 못할 경험   세종기지를 방문하기로 되어있었던 '1박2일' 팀이 칠레 강진으로 못 오게 되었습니다. 하지만, 화상통화를 통해 1박2일 멤버들과 대화를 나누었고, 아들에게 띄운 영상편지가 공중파를 타게 되었을 때가 가장 기억에 남습니다.

장보고기지에 첫발을 내디뎠을 때의 느낌   여기가 남극대륙이구나. 한창 공사 중인 기지를 봤을 때, 과연 여기서 1년간 제대로 생활할 수 있을까 걱정이 되었지만 반년 동안 대원들과 생활하다 보니, 점점 기지다워지고 있고 기지가 안심이 됩니다.

월동기간 중 계획이나 목표   직장 다닐 때는 운동을 꾸준히 못 했는데, 월동기간 중 꾸준히 운동을 해서 건강 유지와 10킬로그램 체중 감량을 하고 틈틈이 영어 공부도 할 계획입니다.

대륙기지 제1차 월동대원으로서의 각오   처음 월동을 했던 그 마음가짐으로, 그리고 건강하게 월동한 후 건강한 모습으로 가족 품으로 돌아갔으면 합니다.

가족에게 하고픈 말 혼자서 두 개구쟁이 키우느라 고생 많은 울 색시, 항상 고맙고 사랑해~~그리고 씩씩하게 엄마 말 잘 듣고 동생 윤재 잘 돌봐주고 있는 우리 큰아들 동윤이, 우리집 귀염둥이 윤재, 아빠 보고 싶겠지만 조금만 더 참고 씩씩하게 엄마 말 잘 듣고 지내고 있어. 6개월 후에 아빠가 많이 놀아 줄게~~

양환공(안전대원)

담당 분야 대한민국 남극장보고과학기지 제1차 월동연구대 안전대원 양환공입니다. 1년간 월동대원 현장 활동 시의 안전과 기지 주변 위험요소를 파악하여 대비책을 마련하고 화재예방을 위해 소방시설 점검·관리, 소방·안전장비 및 소방훈련을 담당하고 있습니다.

가족 관계 제주도에서 사랑하는 아내(김형미)와 말썽꾸러기 삼형제(선진, 유진, 욱진) 다섯 식구 오순도순 행복하게 살고 있습니다.

월동연구대 지원 동기 남극대륙이란 땅, 내 인생에 운명적 기회로 다가온다는 느낌을 받았고, 또한 이번 기회를 잡지 못해 평생 후회하면서 살고 싶지 않았습니다. 운명은 자기 스스로 개척하는 것도 중요하지만 맡은 바 임무에 열심히 하다 보면 누군가가 도움을 주어 월동의 기회를 잡았고 이 기회에 꼭 남극대륙이란 땅을 몸으로 느끼고 싶어 지원하였습니다.

장보고기지에 첫발을 내디뎠을 때의 느낌 드디어 남극대륙 장보

양환공 대원

고기지에 왔구나, 보았구나, 땅을 밟았구나, 가슴이 두근거렸습니다.

월동기간 중 계획이나 목표 처음 장보고기지에 도착해 보니 외국인과의 의사소통 필요성을 느껴 영어 중급 수준과 대인관계를 위해 골프 배우는 것을 목표로 하고 있습니다.

대륙기지 제1차 월동대원으로서의 각오 소방공무원 최초 남극대륙 월동대 안전대원으로 긍지와 자부심을 갖고 월동대원들이 1년간 생활하는데 무사고 신념을 가슴에 품고 안전 지킴이 역할을 할 것이며, 모든 일에 항상 즐겁게 적극적으로 임하고자 합니다.

가족에게 하고픈 말 '가족'과 헤어지고 나니, 소중함이란 단어가 생각납니다. 너무나 보고 싶고, 너무나 소중함을 느끼며, 너무나 사랑합니다. 이번 기회를 통해 주위 사람도 중요하지만 가족의 소중함을 다시 한 번 가슴속에서 생각하게 됩니다. 사랑하는 우리 소중한 가족 영원히 사랑합니다. 이번 남극대륙 월동을 통해 가장이라는 책임감을 느끼고 책임감이 있는 만큼 남은 인생 가족을 위해 열심히 살고자 합니다. "보고 싶다!"

신진호(의료대원)

담당 분야 장보고기지 의료담당 신진호입니다. 고립된 환경에 놓인 장보고기지에서 대원들의 부상은 그 어느 곳에서보다 치명적일 수 있습니다. 저의 역할은 외부의 물리적인 도움을 전혀 받을 수 없는 이런 환경의 장보고기지에서 단 한 명의 의사로 대원들의 의료 문제를 책임지고 있습니다.

가족관계 이 세상에서 가장 착하고 아름다운 아내, 넓은 세상을 향해 꿈을 키우고자 대학에 입학하는 아들, 그리고 고3이 되는 총명하고 예쁜 딸이 있습니다.

월동대 근무에 대한 가족들의 반응 솔직히 애들하고 아내는 다 싫어했습니다. 애들은 아빠가 남극에 안 갔으면 좋겠다고 생각했지만 아빠가 마음 아파할까 봐 제게는 말하지 않았다고 지금에야 말합니다. 아내도 마찬가지였습니다. 캐나다로 막 이민을 와 전혀 낯선 새로운 환경에 놓였는데 가족이 같이 있길 원했습니다. 하지만 제가 그렇게 원했기에, 그렇게 남극에 가길 원하는데 가족 때문에 못 가면 제가 후회할 거라면서… 아내는 1년을 참는 것이 낫겠다면서 갔다 오라 했습니다. 다시 못 올 기회일지도 모르니 후회하지 않게 잘 생활하고 오라 했습니다. 월동 반년이 지난 지금, 가족들은 제가 돌아올 날이 얼마 안 남아 지금은 너무 좋아하면서 다시 만날 날을 기다린다고 합니다.

월동경험 유무 세종기지 제5차 월동대 의료담당으로 1992년 12월부터 1993년 1월까지 세종기지에서 월동한 경험이 있습니다.

월동연구대 지원 동기 저에게는 세종기지 월동 후 꿈이 있었습니다. 다시 한 번 진정한 남극인으로 남극 대륙에서 월동을 해 보고 싶다는 꿈이었습니다. 그 꿈을 이루기 위해 다시 이십여 년을 준비하며 기다렸습니다. 또한, 제5차 월동대로 세종기지에 근무할 당시는 전문의가 아니어서 제가 할 수 있는 의료 영역에 한계가 많았습니다. 하지만 지금은 정형외과 전문의로서 예전과는 다르게 응급으로 일어날 수 있는 모든 의료 상황에 대해 전문적 진료를 행할 수 있습니다. 한국에서의 저의 의료 지식을 바탕으로 대한민국 남극 연구사에 제가 할 수 있는 저만의 역할을 장보고기지에서 하고 싶습니다.

세종기지 월동과의 차이점 첫째, 자연 환경입니다. 세종기지에서는 경험할 수 없는 극한의 추위, 세종기지보다 일찍 3월부터 어는 바다, 그러나 세종기지만큼은 눈보라가 심하지 않은 점, 여름철엔 거의 매일 볼 수 있었던 맑고 푸른 하늘, 겨울철엔 눈이 시리도록 가까이 보이는 밤하늘의 은하수와 오로라, 3개월간 계속되는 백야와 극야, 그리고 하루 종일 달조차 지지 않는 날이 있다는 것입니다. 이러한 진정한 남극의 대자연을 몸소 경험한다는 것은 행운이라고 밖엔…. 둘째, 겨울에는 주위 350킬로미터 내에서는 장보고기지 대원 이외에는 인간의 흔적이라고는 전혀 찾을 수 없는 완전 고립이라는 인위적 환경입니다. 셋째, 세종기지와는 비교할 수 없는 크고 편리한 기지 시설과 안락한 기지 내 생활 또한 다른 월동 생활입니다. 넷째, 아무도 해 보지 못한 남극 대륙에서의 1차 월동이기에 언제 있을지도 모르는 비상사태에 항상 긴장된 마음으로 생활해야 한다는 점입니다. 이런 환경에서 저는 오히려 22년 전 세종기지에서의 월동보다 더욱더 많은

신진호 대원

경험을 하고 있습니다.

극지와 관련하여 잊지 못할 경험 세종기지: 인근 기지 방문, 장보고기지보다 자주 접할 수 있었던 펭귄과 물개, 매일 계속되던 눈보라와 바람을 잊지 못하겠습니다. 장보고기지: 당연 오로라. 5월 어느 날 밤, 하루 종일 피어오르던 오로라를 촬영하면서 기지 앞마당에서 손발이 얼어가는 것도 모르고 밤하늘을 밤새 혼자 바라보며 가슴으로 오로라를 담던 밤이 평생 기억될 것 같습니다.

장보고기지에 첫발을 내디뎠을 때의 느낌 아~ 드디어 남극 대륙에 첫발을 디디는구나. 나의 남극에로의 마지막 꿈이 이루어지는구나. 그리고 마치 긴 여행 후 집에 온 느낌처럼 평온했습니다.

월동기간 중 계획이나 목표 영어 공부는 〈Vocabulary 22,000〉을 다시 한 번 더 탐독하고 일상 회화도 좀 더 자유롭게 하고 싶습니다. 사진 촬영은 평생 가보로 가질 수 있는, 오직 남극에서만 찍을 수 있는 사진을 찍자는 것입니다.

대륙기지 제1차 월동대원으로서의 각오 첫째, 시간을 헛되지 않게, 후회하지 않게 최선을 다하자 입니다. 둘째, 제1차 월동대의 자부심과 긍지를 지니고 월동대원 모두가 의사 혼자뿐인 나를 믿고 생활하게 하자입니다.

가족에게 하고픈 말 잘 나가던 병원을 폐업하고 나의 꿈을 좇아 이곳에 지원했을 때, 모두 날 믿고 나의 꿈을 이루게 보내어 줘서 미안하고 고맙습니다. 그리고 진정 사랑합니다.

신길호(발전대원)

담당분야 장보고의 고장 전남 완도가 고향이며, 해양경찰청에서 파견되어 장보고기지의 발전(發展)을 위해 발전(發電)을 담당하고 있습니다.

가족관계 결혼하신지 68년째인 부모님(부친 92세, 모친 87세)과 6남매(3남3여)중 다섯 번째, 3명의 사랑스러운 딸과 나의 반쪽인 부인이 한(?) 명이 있습니다.

월동연구대 지원 동기 대한민국의 남극 내륙 진출 교두보이자 전초 기지인 장보고기지에 장보고의 후예가 한 명 정도는 꼭 있어야 하겠고, 진정한 남극대륙의 혹독한 자연 환경을 몸소 체험해 보고자 지원하게 되었습니다.

장보고기지에 첫발을 내디뎠을 때의 느낌 대한민국 남극대륙 진출의 초석이 될 장보고기지 1차 월동대원으로써 기지의 규모가 생각보다 큰 것을 보고 놀랐으며, 여기서 1년여 동안 안전한 월동 지원을 위해 발전대원으로서 해야 할 일이 막중하다는 것을 느꼈습니다. 8년

신길호 대원

만에 느껴보는 남극의 맑고 깨끗한 차가운 공기가 기도를 타고 들어
갈 때 정말 상쾌했었습니다.

월동기간 중 계획이나 목표 꾸준한 웨이트 트레이닝을 통해 체중
감량은 물론 식스팩은 아니더라도 포팩은 만들어 가야한다고 계획했
는데 출국 전부터 아파오던 팔꿈치 때문에 포기하고 현재 목표는 체
중은 현 상태로 유지하고 금연을 목표로 노력 중인데 이것도 실현 불
가능할 것 같아서 그냥 편안히 더 이상 부상당하지 말고 잘 먹고 잘
살기로 목표 수정

대륙기지 제1차 월동대원으로서의 각오 시종일심(始終一心) 항상
처음부터 끝까지 흔들림 없는 마음 자세와 모든 일에 최선을 다하자.

가족에게 하고픈 말 엄니, 아부지 건강히 잘 계시요? 저도 건강히
잘 지내고 있쓩께 걱정일랑 마시요!!! 이놈의 역마살이 언제나 사라질
랑가 모르것소! 인자 여기서의 생활은 끝이 보이기 시작한께 걱정하
지 마시요! 그라고 여선이 우주, 윤주, 효주여? 진짜로 보고 싶고 사
랑한다야!

류성환(전기설비대원)

담당분야 디젤발전기와 신재생에너지(태양광, 풍력)로 생산한 전력을 기지 각 시설에 안정적으로 공급하도록 전기시설물을 관리 감독합니다. 그리고 전기 사용 효율을 높이고, 전기시설물의 오작동 방지를 위해 관련된 일들을 하고 있습니다.

가족관계 경북의성에 계시는 어머니 그리고 아내 우선미, 아들 성윤, 무진. "좀 적게 벌어도 가족하고 같이 살아라, 옆에 있으니 든든하다, 머 고생 할라고 그까지 가노?"라는 반응에 "애들 키우고 목돈 모아서 집이라도 한 채 사고 자식들 좋은 대학, 장가갈 때 집이라도 한 채 해줘야지!!, 젊을 때 벌어야지 나이 들면 이런 기회도 없다"라는 사이에 고민이 있었습니다.

월동연구대 지원 동기 누구나 가고 싶어도 싶게 갈수 없는 곳 남극대륙이라는 미지의 세계에서 인생에 있어서 가장 가치 있고 귀중하고 특별한 경험을 만들고 싶었고 부모님과 가족을 사랑하는 마음으로 지원했습니다.

월동경험 유무 세종기지에서 2008년 21차 월동대, 2010년 23차 월동대 두 번의 경험이 있습니다.

세종기지 월동과의 차이점 세종기지는 주변에 다른 나라 기지가 많기 때문에 각종 행사들이 많습니다. 남극올림픽, 음식 페스티발, 중간보급, 스키활동, 체육관에서의 각종 운동 경기를 1년 동안 즐길 수 있는 다양한 프로그램이 있습니다. 그러나 장보고기지는 고립된 환경과 낮은 기온, 극야로 실내에서 많은 활동을 하고 있습니다.

류성환 대원

장보고기지에 첫발을 내디뎠을 때의 느낌　1차 월동이라는 목표달성에 대한 뿌듯함과 한창 진행 중인 건설공사 잘 인수 받아 1년 동안 아무 문제없이 맡은 임무 충실해야겠다는 다짐을 했습니다.

월동기간 중 계획이나 목표　전공분야 전문성 심화와 몸짱 되기, 많은 추억거리 만들기 등이 목표입니다.

대륙기지 제1차 월동대원으로서의 각오　1차라서 기지 유지 및 관리가 힘들 것이라 생각되지만 대장님을 중심으로 함께 잘 지내고 안전하게 월동생활을 마무리하고 웃으며 귀국하고자 합니다.

가족에게 하고픈 말　극한의 남극대륙에 눈과 얼음, 펭귄만이 있는 적막한 이곳 생활이 어렵고 힘들지만, 그 어렵고 힘든 일이 닥쳤을 때 가족의 모습을 떠올리며 이겨내고 있습니다. 이번 남극 생활이 1년인데 어느새 벌써 반이 지나갔네요. 6개월 후 한국에 갔을 때, 부모님과 가족들 웃으며 만날 날을 기대하며 나와 우리 대원들도 건강한 모습으로 귀국하고 싶습니다.

김홍귀(중장비대원)

담당분야 안녕하세요. 장보고기지 제1차 월동연구대 중장비담당 김홍귀입니다. 굴삭기를 포함해 약 19대의 장비를 관리하고, 이를 이용하여 기지에 보급되는 보급품 하역부터 월동 및 하계 연구 활동 지원을 하고 있습니다.

가족관계 아내(이선희)와 2014년 고등학교 1학년인 딸(김효진) 그리고 초등학교 1학년에 입학한 눈에 넣어도 아프지 않은 아들 녀석(김태형)을 두고 있습니다. 월동생활이 처음이 아니다 보니 처음 월동과는 다르게 건강하게 잘 생활하다 오라는 말 한마디가 가족의 사랑과 모든 마음을 대신해 주었습니다. 아빠와 놀기를 좋아하는, 아들 녀석의 가끔 힘없는 대답소리를 들을 때면 미안한 마음이 먼저 앞서게 되네요.

월동연구대 지원 동기 남극대륙에 건설된 또 하나의 작은 대한민국, 장보고기지. 세종기지와는 너무나 다른 환경과 지리적 위치는 월동생활에 모든 것이 쉽지만은 않게 하겠지만 이곳을 알고 있는 대한민국 남자라면 누구나 한 번쯤은 오고 싶어 할 곳이라 생각되며. 세종기지에서의 5번에 걸친 월동생활은 어쩜 이곳 생활을 하기 위한 밑거름이 된 듯합니다. 푸른 하늘과 하얀 설원 그리고 그 위에 펼쳐진 오로라를 직접 눈으로 느껴 보지 않고는 말할 수 없는 남극만이 가지고 있는 특유의 아름다운 색들이 계속 이곳으로 달려오라고 유혹을 하였습니다.

월동경험 유무 2000년 밀레니엄. 새로운 한 세기가 시작되는 해

김홍귀 대원

에 세종기지에서 13차 월동대로 첫 월동을 하였습니다. 호기심이 더 크게 자극되어 시작한 남극에서의 생활로부터 많은 것을 경험하고 느끼게 되어 내 인생의 전환점이 되었습니다. 이후 2002년(15차), 2004년(17차), 2007년(20차) 그리고 2012년(25차) 네 번을 더 세종기지에서 월동하였습니다.

세종기지 월동과의 차이점 지구상에서 유일하게 남은 청정지역답게 흰 눈도 푸른 하늘도 하얀 구름도 공기도 모두 깨끗하고 아름답습니다. 세종기지에는 겨울에도 생명 활동이 활발하고 서로 언어는 다르지만 언제나 같은 동지가 될 수 있는 여러 나라 기지와 대원들이 가까이에 있습니다. 대륙과 연결되어 있어 그런지 모든 것이 꽁꽁꽁… 생명은 기지를 운영하는 월동대원들뿐… 100여 일의 긴 어둠과 혹독한 추위가 있어 외부 활동이 어렵기는 하지만 실내에서의 많은 활동은 대원들 사이에 우정을 더욱더 두텁게 만들어 주는 것 같습니다.

극지와 관련하여 잊지 못할 경험 첫 월동 때 대원들 생일을 맞아 만든 생일 케이크. 요령이 없어 모양은 그럴싸하게 만들었지만 케이크 시트가 부드럽지 못하고 단단하여 생일 초를 꽂을 수 없었던 기억. 처음 고무보트인 조디악 운행 시 파도가 높아 겁은 났지만 무사히 임무완수 후 느껴지는 희열. 남극 올림픽, 꽁꽁 언 바다 위로 스노모빌을 타고 주변기지 왕래했을 때. 장보고기지 첫 월동에서 영하 35도의 추위가 이런 것이었구나.^^

장보고기지에 첫발을 내디뎠을 때의 느낌 과연 월동을 할 수 있을까? 공사가 한창이었고 최소 생활만 할 수 있는 환경에서 월동을 하게 되어 드는 약간의 두려움. 완벽할 수 없기에 하나하나 준비를 해가며 완벽함을 만들어 가야하는 월동대원들의 믿음.

월동기간 중 계획이나 목표 멋진 주방장이 만들어 주는 음식 잘 먹고, 그동안 습관들인 운동으로 보다 멋진 몸을 만들며 좋은 책들 많이 읽고 맘먹고 영어 공부 하려했는데(?), 남은 시간 많은 독서(토지 20권 읽기)^^

대륙기지 제1차 월동대원으로서의 각오 옷을 입을 때 첫 단추를 잘 끼워야 그다음 단추도 잘 맞고 옷 모양새가 나듯이 1차 월동 대원들이 내디딘 첫발자국이 흐트러지지 않고 기지를 위해 멋진 모습으로 영원토록 남기를 바랍니다.

가족에게 하고픈 말 졸업하고 입학할 때 옆에서 같이 기뻐하고 축하해 주지 못해 이번에는 미안하구나. 아빠랑 놀기 좋아하는 울 아들 힘내고, 그림 그리기 좋아하는 우리 딸 효진아 이젠 너의 꿈을 펼칠 때인 거 같아. 효진이가 하고 싶은 것 하렴. 동반자, 일도 좋지만 너무 무리하지 말고 먼저 가정과 건강을 생각했으면 좋겠다. 사랑하며 살

시간도 모자란 것 같아. 사랑하자^^

김한술(전기설비대원)

담당 분야 안녕하세요. 기지 전기 유지보수담당 김한술입니다.

가족관계 경기도 안양에서 사랑하는 아내(오미용)와 남매(근수, 근영) 네 식구가 다복하게 살고 있습니다.

월동연구대 지원 동기 1차, 2차년도 건설사업 참여자로서 유지보수를 위해 월동대에 합류 하였습니다.

장보고기지에 첫발을 내디뎠을 때의 느낌 국내에서 설레는 가슴으로 출발하여 기지입구 도착했을 때 드디어 남극대륙 왔구나. 땅을 밟았구나. 가슴이 벅찼습니다.

월동기간 중 계획이나 목표 건강하게 생활하자.

대륙기지 제1차 월동대원으로의 각오 제1차 월동대의 자부심과 긍지를 가지고 월동대원 모두 즐겁게 생활하자입니다.

가족에게 하고픈 말 잦은 지방현장으로 집을 비워서 미안했는데

김한술 대원

이렇게 16개월 동안 식구들과 떨어져 있으니 식구의 소중함을 더욱 잘 알게 되는 소중한 계기가 된 것 같습니다. 남은 기간 우리 식구 모두 건강히 잘 지내길 바라며 웃으며 만나는 그날까지, "사랑합니다."

김종훈(조리대원)

담당분야 매일매일 대원들에게 맛있는 음식을 선사하는 사람이 저입니다. 평범한 가정식에서 호화로운 만찬까지 준비합니다. 월동하면서 대원들이 힘들 때나 지칠 때, 혹은 가족에 대한 그리움에 사무칠 때면 저는 대원들의 건강과 활력을 찾아주기 위해 무한도전에 들어가곤 합니다.

가족관계 부모님께서 늘 기도하십니다. 그래도 처음이 아니기에 처음보단 걱정을 덜 하시는 편인데 늘 건강하라고 말씀하십니다. 저의 사랑하는 와이프는 카톡 머리말에 '강하고 담대하고 인내하자구'라고 쓰여 있습니다. 아내는, 아들과 잘 지내고 있고 집 걱정하지 말라고 월동하면서 긍정적 마인드로 대원들과 동고동락하라고 얘기하곤 합니다. 어머님, 와이프, 아들(규민) 1명.

월동연구대 지원 동기 대한민국 0.001퍼센트라는 그 희소성과 남들은 한 번도 접하기 어려운 곳이란 것의 매력 때문에 지원을 하게 되었습니다. 이러한 점은 분명 남극에서 월동을 하는 사람만이 알 수 있는 매력입니다. 누구나 가고 싶어도 쉽게 갈 수 없는 남극이라는 미지의 세계에서 인생에 가장 가치 있고 귀중하고 특별한 경험을 만들고 싶었고, 그래서 세종기지에 이어 장보고기지에 지원하게 되었습니다.

월동경험 유무 21차, 25차 세종기지 근무

세종기지 월동과의 차이점 세종기지는 주변에 8개국의 다른 나라 기지가 있어 각종 행사들이 많습니다. 남극올림픽, 타기지 교차 방문 등, 음식페스티발 등 연중 즐길 수 있는 다양한 야외활동이 있습니다. 반면에 장보고기지의 고립된 환경과 낮은 기온, 극야 등으로 실내에서 많은 활동을 하고 있습니다. 특히 신선한 야채 등 중간 보급이 안 되는 곳에 위치한 장보고기지는 저에게 또 다른 아픔입니다.

극지와 관련하여 잊지 못할 경험 남극은 세상에서 가장 건조하고 춥고 바람이 많이 부는 곳입니다. 끝없이 펼쳐져 있는 바람과 눈으로 뒤덮여 있는 빙원을 바라보고 있으면 아득하고 몽롱한, 마치 구름 위에 떠 있는 듯한 착각을 일으키게 하며, 방향감각이 마비되는 듯 합니다.

장보고기지에 첫발을 내디뎠을 때의 느낌 1차 조리대원이라는 자부심과 뿌듯함. 그리고 1년 동안 맛난 요리로 대원들과 함께하고 아무 문제 없이 맡은 임무 충실해야겠다는 다짐.

월동기간 중 계획이나 목표 터미네이터 같은 몸짱과 성경 1독, 영어공부 그리고 창업 준비 등

대륙기지 제1차 월동대원으로서의 각오 21차와 25차 세종기지 생활을 한 경험에 비추어 보면 대원들과의 화합이 가장 중요하다는 생각이 듭니다. 이곳에서의 생활은 단순히 학력이나, 학점, 외국어 실력, 그런 점을 떠나서 고립된 공간에서 함께 생활해야 하는 구조이기 때문에, 활발한 커뮤니케이션으로 다소 이기적인 행동에도 보듬어 안

김종훈 대원

아줄 수 있는 그런 포용력이 우선이라고 생각합니다. 저 김종훈은 그런 조직의 해결사 역할을 하고 싶습니다. 더불어 이번 기회에 외국어 공부와 운동으로 유익하고 건강한 시간을 대원들과 함께 보내고 싶습니다.

가족에게 하고픈 말 아무리 남극이 극한의 땅이고, 눈과 얼음과 펭귄만이 있는 적막한 이곳 생활이 어렵고 힘들지만, 늘 가족의 모습을 떠올리며 이겨내고 있어. 사랑하는 부인, 아들 규민, 어머님 항상 감사드리고 사랑하는 가족을 위해 열심히 뛰는 자랑스러운 남편, 아빠, 아들이 되겠습니다.

김성수(기상대원)

담당분야 대한민국 남극장보고과학기지 제1차 월동연구대 기상대원 김성수입니다. 장보고기지의 기상관측과 기상예보를 수행하면서 기상특성을 파악하고, 기상관측자료가 누적되면 기후변화 연구에도 도움이 될 것입니다. 또한 기상예보를 통해 월동대 및 하계대의 안전한 야외 활동 및 연구에 기여하게 됩니다.

가족관계 제주도에서 사랑하는 아내(김희숙)와 3남매(동욱, 예원, 주안)와 같이 살고 있습니다. 특히 막내(주안)는 제가 장보고기지에 도착하고 나서 태어나서 아직 한 번도 안아보지를 못했네요.

월동연구대 지원 동기 가고 싶다고 누구나에게 기회를 부여하지 않는 땅 '남극'에 대한 호기심과 궁금증이 첫 번째 지원동기가 아닌가 싶습니다. 두 번째는 내가 그동안 해왔던 기상에 대한 현상이 이곳에서는 어떤 형태로 나타나는지 직접 경험하고 나를 보다 발전시킬 수 있는 계기가 될 것이라고 생각했습니다. 크게 봐서는 장보고기지에서 내가 처음 시행하는 일들이 우리나라의 기상과 과학영토의 확장에 기여할 것이라는 생각을 갖고 지원하게 되었습니다.

장보고기지에 첫발을 내디뎠을 때의 느낌 드디어 내가 남극대륙을 밟았구나 하는 가슴 벅찬 설렘과 아직은 한창 공사가 진행 중인 상태여서 낯선 땅이 아니라는 느낌을 함께 받았습니다.

월동기간 중 계획이나 목표 처음에는 여러 가지 계획이 있었는데, 현재는 꾸준히 운동하면서 체중감량과 건강한 신체를 만드는 것을 가장 큰 목표로 하고 있습니다.

대륙기지 제1차 월동대원으로서의 각오 내가 내딛는 이곳에서의 조그만 발걸음이 앞으로 남극대륙에서의 연구에 큰 길을 여는데 기초가 된다는 생각으로 맡은 바 업무에 충실하고, 특히 대원들의 연구 활동과 야외 활동을 하는데 도움이 되도록 정확한 기상예보에 최선을

김성수 대원

다하고자 합니다.

가족에게 하고픈 말 남극에 가고 싶다고 했을 때, 막내 출산이 임박했으면서도 내 가장 든든한 지원군이 되어준 내 반쪽! 사랑하는 아내에게 고맙다는 말을 하고 싶습니다. 듬직하고 착한 아들과 예쁘고 애교만점 딸, 그리고 내가 남극에 와서 태어나서 아직 한 번도 안아주지 못한 웃음이 예쁜 막내아들!! 모두 사랑하고 귀국하는 날까지 건강하고, 앞으로도 쭉 행복하게 웃으며 살자.

권광훈(기계설비대원)

담당분야 기계 관련 분야에서 20년간 한 우물만 파고 살아온 인생입니다. 이곳에서는 현대건설 A/S(기계설비)요원으로 월동을 하고 있습니다.

가족관계 예쁜 마눌님이 한 분 계시고요, 아들, 딸이 있습니다.

월동연구대 지원 동기 처음 남극에 온 동기는 건설단에서 건설하려는 목적이었지만 기계설비 A/S 차원에서 월동 요원을 원한다는 연

권광훈 대원

락을 받고 지원했습니다.

장보고기지에 첫발을 내디뎠을 때의 느낌 남극이라는 미지의 세계에 대한 동경으로 기대가 컸던 것에 비하면 실망스럽게 볼 건 없었습니다. 건설 공사도 제가 기대하던 첨단시스템 하고는 거리가 멀게 느껴지는 게 현실이고요. 눈 쌓인 무인도에서 표류하는 기분이랄까?

월동기간 중 계획이나 목표 이곳에서 목표는 오직 하나입니다. 열심히 운동해서 20대의 신체와 체력으로 만들어 가는 것

대륙기지 제1차 월동대원으로서의 각오 "이곳 사람들은 내가 살린다"라는 각오로 업무에 임하고 있습니다.

가족에게 하고픈 말 14개월 정도 가족과 이별하고 살아가지만 아쉬움이나 그리움보다 재회했을 때의 같이 살아가는 소중함이 더 많은 빛을 낼 거라 여깁니다.

정지웅(총무)

담당분야 장보고기지 1차 월동연구대 총무 정지웅입니다. 총무는 대원 여러분들의 성공적인 월동생활을 돕고 대원들의 애로사항을 해결하고 기본적인 물품의 재고관리를 담당하고 있습니다.

가족관계 사랑하는 아내와 초등학교 2학년 아들과 유치원에 다니는 7세 딸이 있습니다.

월동연구대 지원 동기 극지연구소 직원으로서 근무하면서 월동을 한 번 또는 두 번 정도 하게 되는데 육아나 가정생활 등을 고려했을 때 개인적으로 지금이 적기였습니다.

극지와 관련하여 잊지 못할 경험 아라온에서 장보고기지로 이동하는 헬기에서 장보고기지를 바라봤을 때 생각보다 크고 멋있었던 장보고기지 본관동을 바라본 순간이었습니다. 강한 풍속에 견딜 수 있도록 스텔스기 모양으로 설계되었다는 장보고기지는 그 모습이 매우 멋있었습니다.

장보고기지에 첫발을 내디뎠을 때의 느낌 이제 여기에서 1년을 지내는구나!! 이미 장보고기지 부지에 2번 연구조사차 방문한 경험이 있었지만 월동을 할 생각을 하니 감정이 남달랐습니다. 기지가 생각보다 큰 규모로 지어지고 있었고 현대건설 인력들이 정신없이 일하고 있어서 남극이라기보다 한국에 있는 건설현장에 온 것 같았습니다.

월동기간 중 계획이나 목표 일주일에 3권의 독서, 유행하는 식스팩 만들기입니다. 많은 계획을 세우기보다 이번 월동을 통해 많은 책을 읽고 싶습니다.

정지웅 총무

대륙기지 제1차 월동대원으로서의 각오 큰 기대하지 않고 몸 건강히 안전하게 한국으로 돌아가는 것

가족에게 하고픈 말 잦은 출장으로 집을 비워서 미안했는데 이렇게 1년 동안 월동까지 와서 식구들과 떨어져 있으니 식구의 소중함을 더욱 잘 알게 되는 소중한 계기가 된 것 같습니다. 남은 기간 우리 식구 모두 건강히 잘 지내길 바라며 웃으며 만나는 그 날까지 고고~!!

윤민섭(유지반장, 기계설비)

담당분야 안녕하세요. 대한민국 남극장보고과학기지 1차 월동대 유지반장 윤민섭입니다 제 담당분야는 기계설비가 주 업무이지만 그 외에 기지 전반에 걸쳐 건물 시설유지 관리를 관장합니다.

가족관계 직장을 다니고 있는 딸 그리고 아내가 있습니다. 가족들의 반응은 처음에는 반대가 심했으나 인생 전반에 걸쳐 귀중한 경험을 하고 싶다는 의견을 가족이 존중하고 응원하는 분위기로 바뀌어 기쁜 마음으로 생활하고 있습니다.

윤민섭 반장

월동연구대 지원동기 세종기지 1차 월동생활은 해양연구원(전신 해양연구소) 시절 막연히 알고 있던 남극 근무 명령에 의한 것이었습니다. 그것이 인연이 되어 13차 월동까지 2번 하게 되었습니다. 장보고 기지 1차 월동은 숙명적인 의지 소망의 결합체라 생각합니다.

월동경험의 유무 세종기지 1차(1988년)와 13차(2000년)의 2회 경험

세종기지 월동과의 차이점 세종기지 주변은 약 7개국의 외국기 지, 펭귄 아줌마, 물개 아저씨, 도둑갈매기 등이 같이 어울려 멋있는 생활을 하지만 겨울 장보고기지 주변 생명체는 빙상 위의 우리 대원 들밖에 없고 극야와 백야 그리고 혹독한 기온, 자주 불어오는 활강풍 그리고 훌륭한 시설과 UFO처럼 생긴 멋진 삼각형의 기지. 따뜻한 마 음을 나눌 수 있는 멋진 대원이 차이점입니다.

극지와 관련 잊지 못할 경험 세종기지 13차 월동 시 월동대원(근무 자 제외) 전원과 세종봉 등산 시 검정 비닐봉지를 썰매 삼아 절벽에서 (약 10미터~~) 낙하할 때 ~~"홍귀야 살았니"(현 장보고기지 1차 대원) 물음에 대답이 없어서 큰 부상인 줄 알고 전원이 펭귄처럼 얼음 절벽

밑으로 고고씽 했을 때

장보고기지에 첫발을 내디뎠을 때의 느낌 앗! 잘못 왔다~~2013
년 2월 진동민 대장, 강천윤 실장과 같이 아라온을 타고 기지에 도착
하여 첫 발을 딛자마자 느낌은 "앗! 잘못 왔다"였습니다. 세종기지 경
험으로 대륙기지의 모든 조건이 세종기지와 비슷한 줄 알았는데 주변
조건, 기상, 기온 등 너무 달랐습니다. 하지만 운명을 거역하기에는
너무 늦었고 무조건 준비를 철저히 해서 잘살고 후회 없는 생활을 하
기로 마음먹고 현재는 즐거운 마음으로 열심히 살고 있습니다.

월동기간 중 계획이나 목표 건강유지. 독서 약 60권 목표

대륙기지 제1차 월동대원으로서의 각오 전 대원이 작은 안전사고
없이 무사하게 귀국하여 반갑게 가족 품에 안겨 해후하는 모습을 보
는 것

가족에게 하고픈 말 가장으로서 동고동락하며 사랑을 베풀어야 하
는데 혼자 욕심만 부려서 미안합니다. 귀국하면 못다 한 사랑을 베풀
수 있도록 노력을 해야지요. 그리고 작은딸 멋진 신랑감 골라 놨다.
이만하면 아빠노릇 잘한 거 맞지? 사랑한다.~~

월동을 시작하는 대원들의 소감

진동민 긍지와 재미와 유익이 넘치는 생활. 낯선 환경, 낯선 시설,
남극대륙에서 최초의 월동! 본격적 연구 활동이 조기에 진행될 수 있

도록 기지 정상화 추진. 대원들 모두 남극대륙 최초의 월동을 무사히 해냈다는 자부심과 긍지를 갖고 건강한 모습으로 사랑하는 가족의 품으로 돌아갈 수 있도록 안전에 만전을 기하고 대원들 모두 다시 더불어 월동하기를 희망하는 동료애 흠뻑 형성되어 조만간 더불어 다시 월동할 수 있는 기회를 잡기를 강력 소망하는 월동생활

권광훈 이 순간을 즐기자

김성수 새롭게 주어진 환경을 즐기면서 건강한 월동생활 후 밝은 얼굴로 돌아가자

김종훈 장보고기지 첫 월동대로서 자부심과 긍지를 가지고 따뜻한 밥상 행복한 밥상으로 대원들과 함께 하겠습니다 장보고 횟팅~~월동대 횟팅 ~~

김한술 同心同德(동심동덕) 같은 목표(目標)를 위해, 일치단결(一致團結)된 마음으로, 十伐之木(십벌지목) 열 번 찍어 아니 넘어가는 나무가 없다. ① 어떤 어려운 일이라도 여러 번 계속(繼續)하여 끊임없이 노력(努力)하면 기어이 이루어 내고야 만다는 뜻 公平無私(공평무사) 공평하여 사사로운 점이 없음.

김홍귀 '나'보다 '우리'를 생각하며 건강하고 안전한 월동!

류성환 안전을 최우선으로 서로 배려하며 오늘보다 나은 내일을 위하여 퐈이여~~

신길호 始終一心

신진호 하루는 24시간이 아니라 48시간 이상이다. 1초를 쪼개면 2초가 되고도 남는다. 매 순간 순간, 한 순간도 헛되지 않게…….

양환공 "모든 일에 항상 즐겁게, 적극적으로 임하자"

윤민섭 시작하는 장보고기지의 월동 생활 다 같이 힘을 모아 모아서~~~화이팅!!

이상훈 장보고기지의 첫 월동대원으로써 항상 초심(初心)을 잊지 않는 자세로 1년 동안 안전하게 맡은바 임무를 성실히 수행하고 건강한 모습으로 가족들을 만나고 싶습니다. 1차 장보고기지 월동대 파이팅~~

이성수 몸도 마음도 다치지 말고 처음 그대로의 모습으로...

이창섭 Stay hungry. Stay foolish

정지웅 즐겁고 신나는 월동생활

최영수 This is my glorious quest.

최태진 腸肚棠蓮(**장**두상련)/輔車相依(**보**거상의)/苦盡甘來(**고**진감래)

월동을 마친 대원들의 소감

진동민 남극대륙에서의 첫 월동을 대원들 모두 건강하고 안전하게 마칠 수 있어서 너무 감사합니다. 각자의 인생에서 좋은 모멘텀이 되었길 바랍니다. 누군가 "당신이 곁에 있어도 그립다"라고 했는데 남극을 떠나기 전에 벌써 그리워집니다.

권광훈 그리 나쁘지 않은 무난한 생활이었고 좋은 추억으로 기억될 것 같습니다.

김성수 새로운 환경과 새로운 경험들!! 감사했습니다. 사랑하는 가족들 빨리 보고 싶네요^^

김종훈 장보고기지 첫 월동대로서 자부심과 긍지를 가지고 따뜻한 밥상, 행복한 밥상으로 1년간 동고동락한 대원들과 함께하여 행복했습니다. 장보고 홧팅~~월동대 홧팅 ~~~ Get out of Antarctica!!!

김한술 장보고기지 건설 일원과 월동대라는 자부심으로 살겠습니다(내 생에 못 잊을 사람).

김홍귀 긴 어둠과 추위 속에서 대원들과 잘 살았습니다. 첫 월동대원들의 발자취는 영원할 것입니다. 파이팅..~~

류성환 남극장보고과학기지 1차 월동연구대 "나는 약했지만 우리는 강했다" 하나 된 팀워크 그리고 많이 응원해주신 가족 그밖에 지인들 너무 감사드립니다. 세계 속의 대한민국으로 우뚝 서는 그날을 위해 ~~오빠 달려

신길호 월동기간 내내 순(單純의 준말)하게 생활해서인지 세월은 정말 빠르게 지나간 것 같네요. 그러나 여기서 끝이 아니고 새로운 시작이 기다리고 있기에 어디서든 좋은 추억 간직하면서 열심히 살아가야 할 것 같네요. 하여간 만기 1년을 채우지 못해서 시원섭섭하지만 월동대원 모두 수고하셨고 대원 가족 모두의 건강과 행복을 기원합니다.

신진호 장보고기지 1차 월동대라는 자부심으로 살겠습니다. 평생 추억에 남을 월동이었습니다. "It's been an honour and a privilege to stay in Jang Bogo as the 1st overwintering-party charge doctor. I'm looking forward to heading home."

양환공 "소중한 시간, 소중한 추억, 소중한 경험" 세상 살면서 소중한 마음의 기억으로 간직하겠습니다.

윤민섭 엊그제 같은데 벌써 끝나네요. 아프지 않고 다치지 않고 건강하게 일 년을 무사히 마무리한 기쁨을 대원들 모두와 같이 나누고 싶습니다!~~

이상훈 장보고기지 1차 월동대원으로 함께 한 소중한 인연, 평생 같이 하고 싶네요. 모두 수고하셨습니다.

이성수 모두들 건강해서 좋았고 앞으로도 영원히...

이창섭 좋은 분들과 함께할 수 있어 영광이었습니다.

정지웅 시원한 맥주 한 잔 들이켜고 싶네요.

최영수 이곳에서 저는 앞으로 평생 남을 16분의 형님과 동생들을 얻었습니다. 제 인생에 있어서 남극은 애증이 교차하는 곳이지만 언젠가 또 다시 올 수 있기를 기원합니다.

형님들 !! 싸랑합니다

동생들아 !! 고맙데이

친구야 !! 알제??

It's still my glorious quest.

최태진 이보다 뛰어난 월동대 구성이 가능할까? 좋은 사람들과 좋은 시간 보냈고, 건강하게 가족을 만날 수 있게 되어 더 기쁩니다.

5

월동대의 옷과 음식

2014년 9월 월동대 피복 패션쇼

남극 월동대는 어떤 옷을 입을까요?

남극처럼 기온이 낮고 바람이 강하게 부는 곳에서 대원들은 어떤 옷을 입을까요? 전통적으로 북극의 이누이트 족이나 추운 지방에서 생활하는 사람들은 동물의 털과 가죽을 이용하여 옷을 만들어 입었습니다. 이러한 옷들은 그들의 주변에서 사냥이나 목축을 통하여 쉽게 얻을 수 있는 최선의 재료였을 겁니다.

약 백여 년 전 남극점을 정복한 아문센과 그의 동료들은 북극 주변에서 생활하는 이누이트 족에게 극한의 추위에 견디는 여러 가지 삶의 지혜를 배웠는데 그중에서 가장 유용하게 쓰인 것 중 하나가 그들이 입고 있던 털가죽 옷이었다고 합니다. 백여 년이 지난 지금 기술의 발달 그리고 아늑한 실내 생활이 가능한 기지의 운영으로 남극에서 더 이상 털가죽 옷을 입고 생활할 필요는 없어졌지만 여전히 춥고 바람이 강하게 부는 남극의 야외에서 활동하는데 가장 중요한 것은 체온을 보호하면서 활동이 자유로울 수 있도록 기능에 맞는 피복을 알

맞게 입는 일입니다.

남극은 대부분의 지역이 눈과 얼음으로 덮여 있기 때문에 외부 활동 시 착용하는 옷들의 색상은 눈에 잘 띄도록 빨간색 계열이 많습니다. 또한 두꺼운 옷을 한두 개 입는 것보다는 기온과 활동 정도에 맞게 여러 겹의 옷을 겹쳐 입는 방법이 체온의 유지에 도움이 됩니다. 그러면 장보고기지 월동대원들이 어떤 옷을 착용하는지 월동대 모델을 통해 함께 살펴볼까요?

1. 기능성 내의
체온 보온과 유지를 위한 기능성 내의로 신체의 활동에 반응하여 자체적으로 열을 발산하는 고기능성 내의.
피복 착용 시 가장 먼저 착용

(모델: 김종훈 대원)

2. 고어텍스 상/하의
땀 배출을 도와주고 외부에서 들어오는 눈, 비, 바람을 막아 주는 복장으로 내의 위에 착용하며 외부 작업 시 기본적으로 착용하는 피복

(모델: 신길호 대원)

3. 고어텍스 상/하의
고어텍스 소재의 피복으로 가볍고
얇은 소재의 방풍용 상/하의
태극기, 연구소 마크, 장보고기지
엠블럼이 부착되어 대내외 행사 시
가장 많이 착용

(모델: 김한술 대원)

4. 실내 근무복
연구실이나 사무실 또는 숙소 등의
실내에서 일반적으로 착용하는 피
복. 보온성이 좋은 플리스 재질로
제작

(모델: 권광훈 대원)

5. 유지 보수용 작업복
아래위 한 벌로 만들어진 오버롤
형태의 작업복.
주로 유지반 대원들의 기지 보수나
내 · 외부 작업 시 착용하는 복장으
로 방풍과 방수 기능은 없으나 세
탁이나 수선이 용이하여 유류, 페
인트 등 오염이 쉬운 작업 시 주로
착용. 신발은 안전화를 착용

(모델: 김홍귀 대원)

6. 외부 활동용 작업복
강풍 및 눈의 침입에 뛰어난 저항
성을 지니고 있어 기지 외부에서
연구 활동이나 보수작업, 단거리
이동 시에 입는 피복. 신발은 고어
텍스 소재의 등산화를 착용

(모델: 이창섭 대원)

7. 외부 활동용 방한복
바람 및 습기에 강한 외피와 두껍
게 충전된 거위털 소재의 보온층으
로 이루어져 외부 활동이 장시간
지속되거나 극저온시 착용하는 피
복류. 안면보호용 마스크, 스키용
고글, 윈드스토퍼 털모자와 고어
텍스 소재의 거위털 벙어리 장갑,
설상화를 착용.

(모델: 최태진 대원)

8. 해상 작업용 구명복
해상에서 작업할 때 입는 구명작업
복으로 물에 뜨는 소재로 되어 있
으며 오버롤 스타일로 방수기능은
없다. 야광 리플렉터가 부착.
해빙작업 또는 고무보트 운행 시
착용.

(모델: 최영수 대원)

9. 해상 작업용 방수복
장갑과 장화까지 연결된 오버롤 스타일로 방수지퍼와 방수고무소재로 되어 있어 물이 많이 튀는 해상 작업이나 보트운행 시 착용.

(모델: 양환공 대원)

10. 운동복
실내에서 운동할 때 입는 트레이닝복
체력 단련실에서 운동할 때 주로 착용

(모델: 류성환 대원)

11. 주방용 위생 조리복
조리대원이 주방에서 음식을 만들 때 착용하는 위생 조리복(월동대 공통 피복은 아님)
주방모자+조리복+앞치마

(모델: 진동민 대장)

12. 수술 진찰복, 병원에서 의료
대원이 진료 또는 환자를 치료할
때 입는 옷(월동대 공통 피복은 아님)

(모델: 신진호 대원)

한자리에 모인 월동대 패션 모델들

食

월동생활에서 가장 큰 즐거움이 무엇일까요? 아마 먹는 즐거움이
아닐까 합니다. 장보고기지에 식자재는 일 년에 한 번 쇄빙연구선 아
라온 호로만 보급이 가능합니다. 바꿔 말하면, 모든 보급품은 일 년치
가 한 번에 보급된다는 얘기입니다. 이런 상황에서 어떤 식자재가 들

냉동저장고

주방의 간이 냉장 및 냉동고(안쪽 문)

주방

미니바

어오고, 대원들은 어떤 음식을 먹을까요?

기지에 보급되는 식자재는 크게 3가지로 나누어집니다. 쌀, 라면, 국수, 통조림, 향신료 등의 건식품, 육류, 생선, 김치, 아이스크림 등의 냉동식품, 음료수, 채소, 과일, 계란 등 냉장식품입니다. 식자재는 한국에서 각각 포장된 후 컨테이너에 실려 이곳 남극장보고기지까지 안전하게 운반됩니다. 장보고기지에는 식품 종류별로 저장이 가능하도록 냉동창고 2곳, 냉장창고 1곳이 발전동 내 기계실 옆에 자리하고 있습니다. 냉동식품과 냉장식품은 각각 종류별로 창고에 보관하였다가 필요한 만큼씩 주방에 설치된 간이 냉동실과 냉장실로 옮겨지게

온실   온실 돌봄이 신진호 · 이성수 대원

됩니다. 주방은 대원들의 식사를 준비하는 곳입니다. 이곳에는 회사
식당이나 학교급식에서 볼 수 있는 대형 주방기구들이 있는데 고기를
썰거나 다지는 기구부터 대형솥과 전기오븐 그리고 가스레인지 등이
다양하게 구비되어 있습니다. 또한 음식물 잔반 처리기(건조기)를 이
용하여 음식찌꺼기를 건조 처리하여 외부로 반출하게 됩니다. 주방
및 식당은 정기적으로 깨끗하게 청소하여 위생적인 환경을 유지합니
다. 과자 및 각종 차 등의 기호 식품은 식당 한편에 마련된 미니바에
진열되어 언제나 자유롭게 이용할 수 있으며, 냉장고에는 빙과류와
음료가 보관되어 있어 마치 편의점을 연상케 합니다.

　식자재는 월동대와 함께 기지로 보급되기 때문에 장기간 보관이 어
렵고 쉽게 상하는 야채는 온실에서 직접 길러먹게 됩니다. 기온, 습
도, 채광 등 모든 것이 전자동으로 조절되는 장보고기지 온실은 일반
흙을 사용하지 않는 수경재배방식으로 남극 환경에 외래종유입을 완
벽하게 차단하고 있습니다. 또한 완전 살균된 인공배양토에 비료나

농약을 사용하지 않는 완전 무공해 식품을 생산하여 대원들에게 신선한 채소를 공급하고 있습니다. 이곳에서는 상추와 깻잎 그리고 고추 등 14종류의 채소를 재배하고 있습니다.

6

남극대륙 첫 월동연구대의 생활

2014년 2월 강풍 속에서 이동하는 월동대들

월동 기간의 생활

남극대륙 첫 월동대들은 어떻게 1년을 보냈을까요? 우선 월동대들만 지냈던 동계기간을 살펴볼까요? 장보고기지 근무와 휴무는 기본적으로 한국과 같습니다. 하지만 1차 월동대의 하루 일과 시간은 일찍 시작됩니다. 오전 7시 그 전날 통신실 당직자가 기상 음악을 틀면 대원들은 모두 식당으로 모여 함께 아침 식사를 합니다. 30분 정도 식사 후 그 자리에서 전날 밤 당직자로부터 특이사항, 당일 기상 상황을 듣고 각자 맡은 업무의 일일 계획 보고, 공동 작업이 있는 경우 인원, 시간, 작업 사항 등을 듣고 일과를 시작합니다. 유지반과 연구반 개인의 하루 일상은 박스에 정리되어 있습니다.

1차 월동기간 동안 기지는 완공된 상태가 아니었기 때문에 기지에 대한 감시 업무가 매우 중요했습니다. 동계 기간 총무 및 연구반 대원들은 통신실에서, 유지반 대원들은 발전동 사무실에서 각각 1명씩 19시부터 07시까지 순번을 정해 당직을 섰습니다. 장보고시각은 한국 시각보다 4시간 빠르기 때문에 자정까지는 연구소와 통신을 유지하면서 기지 주요 시설에 대한 점검을 위해 3시간마다 순찰을 돕니다. 1차 월동대에서 주요하게 점검한 사항은 물, 전기, 가스, 소방과 관련된 시설이었습니다. 순찰시 시설의 상태를 기록하면서 정상 수치들과 비교하기도 하고, 컴퓨터를 통해 지속적으로 상태를 점검했습니다. 만약 정상 수치들과 다를 경우 늦은 밤이라도 담당 대원을 깨워 확인하여 안전에 만전을 기하였습니다. 휴일에는 발전동 사무실에서 모든 대원들이 1명씩 07시부터 19시까지 일직을 섰습니다.

대원 고유 업무와는 별도로, 대원들은 주방 도우미 및 구역 청소를 하였습니다. 주방 도우미는 2인 1조로 주방과 식당에서 하루 세 번 설거지, 음식물 쓰레기 정리, 식탁 정리 등을 하였습니다. 구역 청소는 정해진 구역을 2인 1조로 돌아가며 일주일에 2회 하였는데 상대적으로 힘든 목욕탕 청소는 총무와 막내 우주과학대원이 두 번 하였습니다. 동계기간 일과는 3월 아라온의 철수 이후 10월 말 하계대원이 들어올 때까지 계속되었습니다.

월동대의 일상

———

남극에서 가장 최신 건물인 장보고기지에서 두 대원을 통해 유지반과 연구반의 일과를 살펴보고, 건강한 생활을 위한 월동대의 다양한 활동이 여기서 소개됩니다. 두 대원의 일과는 거의 1주일 단위의 활동을 하루로 편집한 것입니다.

월동생활 1. 류성환 대원의 하루를 통해 본 유지반의 일상

12:00

딩동댕~~ ♪ ♪ ♪

점심시간을 알리는 음악소리와 함께 잠에서 깨어난 류성환 대원은 졸린 눈으로 식당으로 향합니다. 여기서 잠깐???

류성환 대원은 왜 깜깜한 대낮(?)인 열두시까지 자다가 점심시간이 다되어 일어난 걸까요?

혹시 게을러서 아니면 전날 과음을 ??? 땡!!!!

바로 전날 당직 근무를 섰기 때문입니다. 24시간 기지의 각종설비를 감시하고 외부와의 통신을 위하여 기지의 모든 대원들은 매일 2명씩 교대로 당직 근무를 합니다.

어제는 류성환 대원이 밤을 새워 당직근무를 한날이기 때문에 오전에 취침을 하게 된 겁니다. 오늘 점심은 요새 입맛이 없는 대원들을

전력현황을 실시간 모니터링하는 류성환 대원

위하여 김종훈 주방장이 특식을 준비했습니다.

13:00 발전동 전기사무실

식사를 마친 류성환 대원은 사무실 컴퓨터 앞에 앉아서 기지의 전력현황을 컴퓨터로 실시간 모니터링 합니다. 기지의 모든 전기설비는 컴퓨터로 통제되기 때문에 컴퓨터를 사용하는 시간이 많습니다.

14:00 발전동

매일 매일 정해진 스케줄에 따라서 전기설비의 이상 유무를 점검합니다. 기지 건설 후 첫 월동이라 정전과 같은 불시에 발생할 수 있는 사고를 예방하기 위하여 평상시 꾸준한 점검을 수행합니다. 류성환 대원은 발전, 송배전 설비의 유지 보수뿐만 아니라 기지 내의 각종 가전제품(세탁기, 냉장고), 전자 및 전기기기와 산업설비(컴프레서, 용접기 등)의 정비업무도 겸하고 있는 기지 최고의 기술자입니다.

17:00 숙소동

하루 일과가 끝나는 음악소리와 함께 청소 시간이 되었습니다. 매주 월요일과 목요일 청소를 하여 한 시간 일과가 일찍 끝났습니다. 모든 대원들은 각자 맡은 청소구역을 한 달 단위로 돌아가면서 청소합니다. 이번 달 류성환 대원은 숙소동 복도와 화장실 청소입니다.

18:00 식당

솜씨 있는 주방장의 손에서 만들어진 저녁 식사가 오늘도 훌륭해 보입니다. 돼지고기 볶음을 대원들과 맛있게 먹은 류성환 대원은 주방에서 설거지를 하고 있습니다. 오늘 류성환 대원은 설거지 당번입니다. 설거지 당번은 2인 1조로 매주 한 번 정도합니다. 설거지를 마친 류성환 대원은 탁구대가 설치된 다목적실로 향합니다.

19:00 다목적실

오챠!

특이한 구령과 제스처에 맞춰서 강써브~~~

탁구를 좋아하는 류성환 대원은 최태진 박사와 함께 팀을 이뤄 복식전을 하고 있습니다. 상대 팀으로 나온 이창섭 박사와 김종훈 주방장을 멋지게 역전승한 기쁨을 뒤로 하고 다시 식당으로 향합니다.

20:00 식당

오늘은 주말 특별 영화가 상영되고 있습니다.

22:00 통신실

영화상영이 끝나고 류성환 대원은 한국 집에 전화를 합니다. 옆에서 잠시 통화 내용을 들어 보니 이번에 큰아들이 교내 영어 경진대회에서 전교 일등을 했다고 합니다. 신나게 아들 자랑을 하던 류성환 대원이 부인과 잠시 통화를 하고 숙소로 오면서 혼자말로 중얼거립니다. 구수한 경상도 사투리로 '와 우리 각시는 사랑한다고 칼라고 글면 전화를 먼저 끊노!'

23:00 개인숙소

간단하게 샤워를 마친 류성환 대원은 홀로 잠자리에 듭니다.

07:00 식당

딩동댕~~~

아침 기상음악이 울려옵니다.

기상과 동시에 간단하게 세수를 하고 수첩을 챙겨 식당으로 향합니다. 장보고기지에서는 매일 아침 일곱 시에 전 대원이 모여서 아침 식사를 한 후 아침회의를 하게 됩니다. 전날 밤에 있었던 특이사항이나 그날의 기상 상황을 듣고 각자 맡은 업무의 일일 계획이나 공동업무지시사항을 하달 받습니다.

08:00 전기실

매일 아침 출근하여 아끼는 화초에 정성껏 물을 주고, 아침 회의시간에 지시받은 전기 사용 현황과 설비안전에 관한 보고서 작성과 함께 본격적인 하루일과가 시작되었습니다.

월동생활 2. 이창섭 대원의 하루를 통해 본 연구반의 일상

6월 28일 03:30

남극 동지가 지나고 난 뒤 며칠 안 된 깜깜한 6월 28일 새벽 초속 20미터의 강한 바람이 잦아들면서 누군가 기지 밖을 나서는 사람이 있습니다.

바로 남극장보고과학기지 우주과학 분야 이창섭 연구원입니다. 가로등 하나 없는 어두운 새벽길을 나선 이창섭 연구원이 가는 곳은 우주기상관측동입니다.

우주기상관측동에서는 빛에 민감한 광학관측장비들이 가동 중이기 때문에 건물 근처에는 가로등 불빛은 물론 손전등도 켤 수 없어 어두운 밤길을 걸어야 합니다. 시정이 좋지 않은 경우를 제외하면 많이 다녀본 길이기 때문에 큰 어려움은 없습니다. 다만 전날 저녁부터 불어댄 강풍에 길은 날린 눈이 쌓여 걷기 힘들 정도입니다.

연구장비 점검 중인 이창섭 대원

사무실 근무 모습

관측동에 무사히 도착한 이창섭 대원은 우선 건물 외부가 강풍에 파손된 곳은 없는지 이곳저곳을 살펴본 후 하얗게 얼어버린 문을 열고 건물 안으로 들어섭니다. 건물 안으로 들어온 이창섭 연구원은 지난밤 강풍에 날린 눈이 건물 안으로 들어와서 녹아 장비가 피해를 입지 않았는지 확인합니다.

관측장비의 작동 상태를 면밀히 살핀 후 건물 지붕으로 사다리를 타고 올라가, 관측장비의 아크릴 돔에 이상이 없는지 확인합니다. 건물 외부에 설치된 사다리와 지붕은 눈이 묻어 미끄럽지만, 돔을 투명하게 유지하기 위해서는 반드시 지붕에 직접 올라가야만 합니다.

7월 1일 10:00

해가 없는 장보고기지의 기나긴 밤은 밤하늘의 별과 은하, 그리고 오로라가 채워주고 있습니다. 연구용으로도 사용하기 위한 멋진 영상을 담기 위해 카메라를 외부에 두지만 영하 30도 안팎의 추위에 카메라가 3~4시간밖에 버티지 못합니다. 이 문제를 해결하기 위해 이창섭 연구원은 류성환 전기설비대원과 의기투합하였습니다. 과연 어떤 발명품이 나올지 기대가 됩니다.

매주 화요일과 금요일 저녁에는 충남대 우주과학실험실, 극지연구소 우주환경연구그룹과 연구 회의가 있습니다. 이창섭 연구원은 현재 두 기관의 연구 활동의 접점에서 세종기지, 장보고기지 관측 자료 분석을 주로 담당하고 있습니다. 장보고기지가 과학연구기지인 만큼, 첫 연구 활동의 결실인 학술논문을 월동기간 중 작성하여 장보고기지에서 관측장비를 설치하고 운용하는 데 도움을 준 많은 분들에 대한 감사의 표현을 하고 싶다고 합니다. 이창섭 연구원은 그동안의 극지연구 활동에 대한 공적을 인정받아 2014년 극지연구소에서 시행하는 전재규 젊은과학자상 최우수상을 수상하기도 하였습니다.

일과를 마치면 이창섭 연구원이 주로 찾는 곳은 바로 체력단련실! 해가 없는 극야 기간에 겪을 수 있는 불면증과 우울함은 다양한 운동으로 땀을 흘리며 날려버린다는 이창섭 연구원은 1차 월동대의 막내답게 장보고기지에서 만능 스포츠맨입니다. 주변의 대원들에게 운동을 권하며 트레이너로서 활약하고 있는 운동전도사이기도 합니다.

남극장보고기지는 지구와 우주를 이어주는 매우 중요한 곳인 만큼, 이곳에서 생활하고 있는 월동대원들에게 남극대학 및 남극 교양 강좌를 통해서 남극에서의 연구 활동과 과학 상식들에 대해 소개를 하는 일은 매우 의미가 있는 일입니다. 이창섭 연구원은 이번 남극대학에서 빛에 대해 대원들에게 설명을 해주었습니다. 지구의 끝자락에서 별과 우주에 대한 이야기를 듣는 일도 참 흥미롭지 않나요.

대원들의 일과에 대해 궁금증이 풀렸을까요? 대원들의 일과 이외에 외부 활동이 극히 제한된 장보고기지에서 약 7개월간의 월동 기간 대원들의 스트레스 해소와 보람된 월동 생활을 위해 몇 가지 프로그램들이 가동되었습니다.

수요체육활동

월동기간 중 매주 수요일 오후는 모든 대원들이 한 곳에 모여 체육 활동을 합니다. 한정된 공간에서 생활하는 대원들의 육체적 활동량이 적어 이날만은 다 같이 모여 땀을 흘리는 시간을 갖습니다. 그런데 낮은 기온으로 체육 활동은 실내에서만 가능합니다. 하지만 아쉽게도 농구를 할 수 있는 별도의 실내 체육관이 없어 이용가능한 공간에 맞게 체육활동이 진행되었습니다. 그 바람에 식당이 다목적 체육 공간으로 변신하였습니다.

첫 종목으로 좁은 공간에서도 많은 운동량과 즐거움을 선사하는 탁구가 선택되었습니다. 평소 자기가 기지에서 넘버 3안에는 될 거라는 자신감을 내비친 모 대원은 막상 뚜껑을 열어보니 넘버 10에 간신히 들 정도의 실력과 함께 웃음을 자아내는 몸 개그로 많은 대원들에게 즐거움을 선사하였습니다. 탁구는 월동과 더불어 대원들에게 가장 인기가 있었던 종목이어서 한동안은 일과 후 다목적실의 탁구대가 비지 않을 정도로 기지 내 인기가 많았습니다. 수요일 오후에는 탁구대를 식당으로 옮겨 탁구 복식 토너먼트와 발전동 근무 대원들과 본관동

근무 대원들 간의 탁구 배틀이 한동안 있었습니다. 넓은 공간에서 본인 실력을 마음껏 발휘할 수 있었습니다. 앞의 모 대원은 뛰어난 기량의 신길호 대원과 조가 된 덕분에 복식 토너먼트에서 당당히 2등을 차지하였습니다.

탁구 대전이 끝난 후 두 번째 함께 한 종목은 족구였습니다. 다들 군대 등 소싯적에 축구공을 차고 놀았던 가닥이 있어서인지 평소 경기장보다 작게 그려진 족구장 규격에서 대원들은 빨리 적응을 하여 멋진 공격과 수비가 오가는 박진감 넘치는 경기가 펼쳐졌습니다. 한국에서 족구동호회 선수로 활동했던 권광훈 대원은 수준 높은 공격과 수비 기술로 대원들의 탄성을 자아내게 하였고, 틈틈이 대원들 수준에 맞는 레슨도 하여 같이 경기하는 대원들의 족구실력 향상에 일조를 하기도 했습니다. 나중에 하계대를 상대로 시합을 해보자는 의견이 자신감을 얻은 대원들의 입을 통해 나오기도 하였습니다.

좁은 식당에서 다 같이 할 수 있는 종목을 발굴하려는 문화체육위원회 노력으로 인해 4인조 미니 배구가 다음 종목으로 채택되었습니다. 족구 네트를 식탁 위에 올려놓으니 딱 좋은 배구 네트로 변신하였습니다. 배구 역시 다들 학창시절에 한두 번씩 해본 경험이 있어서 그런지 이리저리 몇 번 공이 오가고 나니 어느 정도 봐줄 만한 경기가 펼쳐졌습니다. 특히 월동대 최장신 김성수 대원의 활약이 돋보입니다. 김성수 대원의 높은 타점을 이용한 공격과 블로킹은 이번 종목에서 단역 압도적이었습니다.

수요체육활동의 결정판은 미니 풋살이었습니다. 좀 과격해서 다치지 않을까라는 염려도 있었지만, 다들 무리하지 않고 적당한 선에서 몸싸움을 하여 좁은 공간이지만 정신없이 달리며 땀을 흘릴 수 있었습니다. 축구공이 아니 피구공으로 하여 자칫 있을 부상과 파손을 최소화하였고, 의자 밑 공간을 골대로 하여 쉽게 골이 들어갈 것 같으면서도 골이 잘 들어가지 않는 재미가 있었습니다.

이런 다양한 수요체육활동을 통하여 월동대원들은 월동기간 중에 쌓였던 스트레스와 에너지를 발산할 수 있는 기회를 갖게 되었습니다. 밤만 지속되는 극야와 고립된 환경 속에서 무료해지고 단조로운 생활이 될 수 있지만 이를 극복하기 위한 월동대원들의 슬기로운 겨울나기는 다양한 모습으로 나타났습니다.

남극대학 및 교양강좌

월동 기간 중 수요체육행사와 더불어 정기적으로 진행된 프로그램이 남극대학 및 교양강좌였습니다. 월동대원들은 자기분야에서 지식과 오랜 경험을 축적하고 있는 전문가들입니다. 극야기간에 실내생활의 단조로움을 해소하고 대원들이 갖고 있는 지식과 경험을 공유하기 위해 프로그램을 만들고 남극대학이라 하였습니다. 남극대학은 장보고과학기지에서만 하는 것이 아니라 이미 세종기지에서 차대별로 여러 차례 시행한 경험이 있고 다른 나라의 월동기지에서도 비슷한 프로그램을 시행하기도 합니다. 혹독한 겨울을 잘 이겨내기 위한 월동을 하는 인간 나름의 허들링(황제펭귄이 혹한의 날씨에서 체온을 유지하기 위해 서로 자리를 바꾸는 것을 허들링이라 합니다)이라고 생각됩니다.

강의내용에 제한을 두지는 않지만 극지활동과 대원들의 실생활에 도움이 될 수 있는 내용을 권장하였습니다. 강의기간은 5월부터 9월까지 매주 목요일이나 금요일 중에 하는 것으로 하고 준비기간을 고려하여 대원들이 자발적으로 강의를 원하는 날짜를 선정토록 하였습니다. 다만 월동기간으로 들어가면서 심폐소생술과 기지에 설치된 자동심장박동기 활용법에 대해서는 초반기에 하는 것으로 하였고, 제주 소방방재청에서 파견온 양환공 대원이 다양한 동영상을 포함한 파워포인트 파일을 활용하여 강의를 했습니다.

강의내용은 크게 세 가지 유형으로 구분할 수 있는데 극지정책과 과학, 장보고기지에 설치된 시설별 특징, 건강 유지와 취미 등입니다. 먼저, 극지정책과 과학분야에서는 각국이 남극에서 운영 중인 과학기지와 장보고 인근의 미국, 뉴질랜드, 독일기지에 대한 소개, 남·북극에서 진행되는 빙하시추국제프로그램, 남극연구의 핵심분야인 고기후연구, 빛과 남극에서 빛 연구의 전망, 기상현상과 장보고의 기상, 우리나라의 북극활동 등이었습니다.

둘째, 장보고기지에 설치된 시설에 대한 것으로는 담수화기와 보일러를 포함한 장보고기지의 기계설비, 장보고기지의 유무선 통신 환경, 전기시설 및 시퀀스 제어 실습이 있었습니다.

세 번째 유형은 범위가 포괄적이지만 등산의 운동효과와 걷기요령, 건강한 운동법 등 건강과 관련한 내용뿐 아니라 본인의 체험을 바탕으로 한 불법조업과 외국어선 단속 사례, 캐나다 이민, 동력수상레저 조종면허 취득방법, 민물낚시 등에 대한 강의가 있었습니다. 월동을 끝내고 귀국하면 대원들이 차량구입과 관리를 고민하게 되는 점을 고려해서 차량정비와 지혜로운 차량 구입법에 대한 강의도 있었습니다. 5월 9일 첫 강의를 시작으로 추석연휴 등을 제외하고 총 18회의 강의가 있었으며 9월 26일 종강하였습니다.

한편, 남극대학과는 별도로 영화나 다큐멘터리를 중심으로 남극교양강좌를 운영하였습니다. 이는 대원들이 갖고 있는 영화나 다큐멘터리 중에서 대원들이 같이 보고 토론을 하면 업무에 도움이 될 수 있는 것들을 중심으로 진행했습니다. 최태진, 최영수, 이창섭 대원을 태스크포스로 구성하고 우선 대원들이 공유하고 싶은 영화나 다큐를 모으고 그중에서 몇 작품을 선정하였습니다. 각 작품별로 담당한 대원이 관련한 내용을 조사하여 감상하기 전에 발표를 하고 감상 후에는 관련 내용에 대해 토의하는 시간도 가졌습니다. 최태진 대원은 남극에 대한 소개 다큐멘터리로 1991년에 아이맥스로 제작된 것과, 남극에서 가장 규모가 크고 장보고기지에서 약 350킬로미터 떨어진 미국 맥머도기지와 그곳의 사람들을 다룬 다큐멘터리 영화 〈세상의 끝에서 만나다Encounter at the end of the world〉 그리고 프랑스 뒤몽더빌기지 인근에서 촬영된 〈펭귄-위대한 모험〉을 소개하였습니다. 최영수 대원은 캐나다 북극해빙 위를 질주하는 트럭, 알프스 산악지역에서 조난 시 생존법, 해상을 운행하는 헬기 사고 시의 대처법을 다룬 다큐멘터리를 소개했습니다. 이창섭 대원은 별의 생성 과정을 다룬 다큐멘

남극대학

터리를 소개했습니다. 이 외에 보고서 작성에 대비해서 파워포인트를 활용하는 방법에 대해 김성수대원이 강의했습니다. 남극영화제를 전후해서는 대원들이 촬영한 사진을 이용하여 동영상을 만드는 프로그램을 활용하는 방법을 이상훈 대원이 강의하였습니다.

교양강좌는 극야가 가장 심했던 6월과 7월에 집중적으로 진행되었습니다. 본인이 선호하는 음료를 마시면서 무겁지는 않았지만 진지한 모습으로 강의들이 진행되었습니다. 나름 멋을 부린 복장으로 강의를 한 대원도 있었고, 실습을 준비한 대원도 있었습니다. 남극대학 목록에는 없지만 007 시리즈 1~23편의 제임스 본드 캐릭터 변천사를 무려 5시간 강의한 모대원은 그 열정에도 불구하고 대원들의 원망(?)을 사기도 하였지만, 매우 유익하고 즐거운 시간이었습니다.

장보고 이발소

한국에서의 일상적인 생활과 다른 또 하나는 무엇일까? 대체로 우리는 한 달에 한 번 머리를 다듬기 위해 미용실에 갑니다. 미용실이 없는 남극기지에서는 어떻게 할까요? 다행히도 월동 대원 중 이발을 할 수 있는 대원들이 몇 있습니다. 물론 전문 미용사의 솜씨는 아니지만 머리를 맡겨볼 만합니다. 권광훈 대원이 "이발합니다!"라고 공지하면, 삼삼오오 머리를 깎으러 갑니다.

여러분들이 월동한다면 머리를 어떻게 관리하고 싶어요? 2014년의 경우 세 가지 부류로 나눕니다. 머리를 완전히 밀던지, 정상적으로 관리하던지, 기르던지. 처음부터 머리를 기를 생각으로 온 대원이 4명, 월동 시작하자마자 머리를 민 대원은 2명 그리고 중간에 한 명, 한 명, 한 명 늘어나 모두 5명이 밀었습니다. 나머지 대원들은 정상적으로 길면 깎고. 가끔은 자기 머리를 자기가 직접 깎는 대원들도 있었습니다. 머리를 기른 대원들도 있었는데 결국에는 정리를 하였습니다. 하지만 본인이 원하면 무엇이든지 가능한 월동입니다.

하늘에 해가 하나, 땅에는 셋이라

7인의 장보고절 스님들

그리고, 생일파티

같은 생활의 반복으로부터 일탈(?)을 생각하는 대원들에게 즐거운 행사가 생일 파티입니다. 17명의 대원 중 9명이 생일을 맞아 한 달에 한 번꼴로 대원들은 잠시 일탈을 즐깁니다. 첫 생일을 맞은 김홍귀 대원은 아쉽게도 기지 건설 중 생일을 맞아 컨테이너에서 조촐하게 보냈습니다. 하지만 월동대뿐만 아니라 하계대 등 더 많은 사람들이 축하해 주었습니다. 3월 생일의 양환공 대원부터는 기지 본관동에서 보다 훌륭한 식자재와 대원들의 적극적인 준비로 풍성한 생일을 즐길 수 있었습니다. 생일자가 먹고 싶은 음식은 식자재가 허락하는 한도 내에서, 주방장은 정성껏 요리했고, 다른 대원들은 생일 케이크와 초밥을 함께 만들며 즐거운 시간을 보냈습니다. 생일을 맞지 못한 대원들은 귀국해서 가족과 함께 더 뜻깊은 시간을 보낼 것입니다. 생일 파티, 말보다 사진으로 분위기를 엿보는 게 좋을 듯합니다.

장보고기지가 궁금해요. 그리고 남극에서 축하해 주세요.

자주는 아니었지만 우리나라와 장보고기지 간의 화상통화도 진행되었습니다. 모든 대원들이 다 참여할 수 없었지만, 기지 소식을 외부에 직접 전할 수 있는 기회였습니다. 대원들이 늦은 밤 열심히 촬영한 오로라 영상이 한국의 여름인 7월에 YTN을 통해 방영되면서 최태진

2월 월동대 첫 생일자 김홍귀 대원. 기지 건설 중
생일을 맞아 컨테이너에서 조촐한 생일파티. 하지만
방송촬영과 더 많은 사람들이 축하를 했습니다.

5월의 생일자 윤민섭 반장과 권광훈 대원. 장식도
하고 함께 단체 사진도 찍기 시작

7월의 진동민 대장 생일 파티. 대원들이 더 신경을
써서 준비를 하고

한국과의 화상 대화. 여수 엑스포에 마련된 극지전시
회를 찾은 방문객과 화상대화를 하고 있는 정지웅 대원

연구원이 장보고기지에서 생활과 오로라에 대한 소식을 생방송으로
전하였습니다. 7월 상순 장보고기지와 서울의 일평균 기온을 보면 온
도 차이가 무려 60도에 가까웠습니다. 한국은 한참 무더위가 기승을
부릴 때라 시원한(?) 남극 장보고기지 하늘에서 펼쳐진 멋진 오로라는
무더위에 지친 시청자의 심신을 달랠 수 있었을 것입니다.

7월과 8월 2주에 한 번씩 총 4회에 걸쳐 여수 엑스포에서 진행된
극지전시회를 방문한 관람객과 장보고기지 대원과의 화상대화가 있
었습니다. 최태진, 정지웅, 이창섭, 이상훈 대원들이 어린아이들로부

터 어른까지 다양한 관람객과 화상대화를 하였습니다. "남극은 얼마나 춥나요?" "뭘 먹고 사나요?" 등 기지 생활에 대한 일반적인 것부터 남극에 대해 그동안 궁금해 왔던 것들을 질문하였고, 가능한 정확하고 다양한 정보를 관람객들에게 전달해 주는 시간을 가졌습니다.

그 외에도 월동 초기 완도 해조류박람회, 그리고 연합뉴스, 대전 MBC, 국군의 날을 맞아 기지를 배경으로 대원들의 축하 메시지를 전달하기도 하였습니다. 비록 한국에서 13,000킬로미터나 떨어져 있지만 불러주면 장보고기지는 언제나 응답을 하였습니다.

하계 기간

하계기간 근무는 월동기간 근무와 유사하나 발전동 당직은 그대로 유지하되, 통신실에서는 자정까지만 근무하였습니다. 하계 지원업무가 많고, 또한 동계기간 시설에 대한 안정성을 어느 정도 확인되었기 때문입니다. 그리고 대원들의 고유업무 외에도 하계대원들의 생활 편의와 연구 활동을 위한 지원업무가 추가되었습니다.

2014년 월동이 시작된 장보고기지는 1988년 월동이 시작된 세종기지와 많이 다릅니다. 장보고기지 첫 유지반장인 윤민섭 대원은 세종기지 1차 월동대원이었기도 합니다. 박스의 윤민섭 대원의 글에서 두 기지에서의 첫 월동의 차이점을 알 수 있습니다.

그 시절을 그리워하며 해양연구소(현재 한국해양과학기술원)에 근무하며 남극에 첫발을 디딘 지 어언 27년이 지난 지금 대한민국 남극 첫 번째 대륙기지인 장보고과학기지에 월동연구대로 와 있는 나는 가슴이 뛰고 있다. 책에서만 보고 느끼던 시절에 꿈에 그리던 세종기지 월동 1차(1988~1989) 경험을 했고 이어 13차 월동생활을 한 후 삶의 고단함에 빠진 채 잠시 남극을 잊고 지내고 있었다. 그러는 동안 극지연구소는 남극 내륙 진출을 위한 교두보로서 장보고과학기지를 건설하였고 그동안 잊은 줄 알았던 남극을 제1차 월동 지원을 통해 다시 경험하고 느끼고 싶었다. 장보고기지에서 제1차 월동대로서의 생활은 분명 나에게 가슴 벅찬 커다란 사건이자 행복이며 영광이라고 말하고 싶다.

젊은 날의 순수했던 시절−세종기지 1차 월동대 세종기지 1차 월동생활은 순수했다. 요즘 같은 컴퓨터와 인터넷도 없었고 그저 막연한 시절이었다. 통신 시설이 발달되지 않은 관계로 한 달에 전화 1회, 3분 통화가 고작이었다. 장거리 통화를 하다보면 서로 여보세요~ 여보세요~ 하며 상대방 목소리만 확인한 채, 전화를 받아 목소리만이라도 들었으니 다행이라는 생각과 못다한 말에 대한 아쉬움 속에 통화를 마치곤 했다. 3분이란 시간을 초과하면 초과분에 해당하는 어마어마한 통신 요금은 개인이 지불을 해야 했고 하울링 현상으로 상대편이 뭔 말을 하는지 알 수가 없던 시절이었기에 편지로 미리 '내가 말끝에 이상 또는 오버라는 소리를 하면 상대편에서 이야기하자' 하는 식으로 약속을 하고 전화기로 무전을 하듯 통화를 해야만 했었다.

국내에서도 까치가 울면 좋은 소식이 온다고 했듯이 그 당시 헬기소리가 들리면 식사를 하다 말고 "까치가 떴다" 소리를 지르며 월동대 전원이 밖으로 뛰어나간다. 그 시절에는 오로지 우편물이 유일한 통신 수단이었기에 언제나 헬기의 기지 방문은 월동대 초미의 관심사일 수밖에 없었다. 헬기가 전해준 우편물을 받는 순간 희비가 엇갈린다. 우편물을 받은 대원은 기쁨의 환호성을 지르며 웃음꽃이 피지만 받지 못한 대원은 슬그머니 밖으로 나가서 소주 한잔을 기울인다. 이때는 소주 한잔이 대원들의 외로움과 적적함을 달래는 최고의 약이었다.

식지 않는 남극에 대한 열정–장보고기지 1차 월동대 세종기지 1차 시절 유일한 운동기구가 당구, 탁구가 전부였고 남극 밖 세상과의 연락은 우편물과 한 달에 3분이 고작이었던 전화가 전부였다면 지금의 장보고기지 1차 월동대는 어떠한가. 다양한 헬스기구와 실내암장, 실내골프장 등 한국에서조차 자주 접하지 않았던 시설들이 기지에 모두 구비되어 있다. 또한 수시로 가족과 지인들에게 연락할 수 있는 전화와 전 세계 소식을 바로 접할 수 있는 인터넷까지 가능하다. 최첨단 기술이 집약되어 신축된 장보고과학기지는 27년 전 세종기지 월동생활의 고충을 완전히 해결해주었다. 기지 내 잘 갖춰진 시설과 통신 환경은 기지 내 생활에 대한 편의성을 비약적으로 향상시켜주었지만 바깥세상과의 문이 활짝 열린 만큼 기지 내에서 월동대원 간의 관계가 소원해지는 것은 아닌지 작은 우려도 가지게 된다. 한 가지 제언을 하자면 일주일에 한번은 인터넷이 없는 날을 정해 다 같이 그 시절을 회상하면 어떨까. 문명사회로부터 벗어난 남극이라는 혹독한 환경에서는 월동대원간의 원활한 소통과 하나된 마음가짐이 중요한 만큼 주기적으로 우리 월동대원들만의 시간을 가져야 한다고 생각된다. 세종기지 1차 월동대, 그 시절은 아날로그, 현재의 장보고 1차 월동대는 스마트 시대로 극명한 대비를 보이지만, 27년이란 시간이 지나도 변치 않는 것이 하나 있다면 그것은 남극을 향한 식지 않는 열정과 도전 정신으로 다시 남극을 찾는 월동대원들의 마음가짐일 것이다.

남극장보고과학기지 17명의 월동대원들 장보고 17인의 월동인은 남극에서의 풍부한 경험을 바탕으로 무장한 직능별 우수한 인재로 구성되어 그 어떤 고난과 역경이 닥친다 해도 무탈하게 각자 주어진 임무를 완수 있도록 고된 훈련을 받은 최고의 베테랑들의 집합체라고 자부할 수 있다. 시작하는 월동생활 어려움이 많을 것으로 생각하지만 각 대원들이 그 분야에서의 구심점 역할을 하고 다른 대원들이 믿고 밀고 당겨준다면 웃음이 묻어나는 자랑스러운 대한민국 남극장보고과학기지 1차 월동대원들이 되리라고 개인적으로 믿고 다짐을 해본다.

자랑스러운 장보고과학기지 제1차 월동대는 영원히 잊지 못할 것이다.

가족하고 웃으며 상봉할 그날을 기다리며 모두가 파이팅 홧팅!!

월동대의 월별 주요 행사

2014년 6월 남극동지 축하 카드 제작을 위한 각양각색 복장의 단체 사진

일일업무, 남극대학, 수요체육활동 등 일상적인 기지에서의 생활 이외에 기지에서의 어떤 중요한 일들이 1년 동안 있었을까요? 이 장에는 기지 준공식부터 월동을 거쳐 첫 번째 하계대가 들어오고, 2차 월동대와 인수인계 후 기지를 떠나는 1차 월동대의 기록이 있습니다. 모든 것이 첫 번째이며, 어떤 일들은 유일한 기록입니다.

2월의 준공식-타임캡슐

월동대가 2014년 2월 7일 장보고기지에 도착하여 2월 12일 오전 10시에 준공식을 가졌습니다. 준공식을 위하여 강창희 국회의장을 포함한 9명의 국회의원과 해양수산부 등 정부관계자와 보도진 등 35명이 기지를 방문하였으며, 장보고기지 인근에 위치한 미국 맥머도기지와 뉴질랜드 스콧기지를 대표해서 미국 남극연구활동을 주관하는 미국연구재단의 남극사업책임자 켈리 포크너와 뉴질랜드 극지연구소장 피터 베그스가 참여하였으며, 이탈리아 마리오주켈리기지에서도 하계대장인 프랑코 리치가 참석하였습니다. 또한 월동대와 함께 아라온 호로 기지에 도착한 장보고 주니어 2명도 같이 참석하였습니다. 사실 2월 12일은 기지 건설공사가 한참 진행 중이었지만 남극이라는 특성상 준공식을 이 시기에 할 수밖에 없는 실정이었습니다.

남극에서는 "언제 들어가며 언제 나간다고 말하지 말라"는 말이 있습니다. 잦은 기상변화로 입출 계획이 수시로 변경되기 때문입니다. 또한, 아무리 좋은 쇄빙선과 항공기가 있더라도 남극의 하계기간이 아니면 혹독한 추위와 극야로 출입 자체가 불가능하기도 합니다. 장보고기지를 출입할 수 있는 시기는 10월 말부터 다음해 3월 중순 정도까지입니다. 2월 중순이 넘어가면 장보고기지에서 기상이 나빠지기 시작해서 외부작업을 할 수 있는 날이 적어지기 시작합니다. 10월 말과 11월에는 대개 이탈리아가 운영하는 해빙활주로를 이용하는 항공기에 편승하여 기지에 들어옵니다. 이후에는 아라온 호를 이용하여 출입을 하고 있습니다. 아라온을 이용할 경우에는 뉴질랜드 크라이스트처치에서 기지까지 편도 약 7일이 소요됩니다.

한국에서 준공식에 참여한 일행은 뉴질랜드 크라이스트처치에서 미국이 운영하는 항공기로 약 8시간을 비행하여 맥머도기지 앞의 페가수스 빙원활주로에 도착했습니다. 일행은 헬기로 아라온 호에 탑승하여 약 30시간의 항해를 거쳐 기지에 도착해서 준공식에 참여하였습니다. 준공식 하루 전인 11일은 기지주변에 바람이 강하게 불어서 실내행사를 해야 할 수도 있는 상황이었으나 당일 아침 바람이 잦아

준공식에 참석하여 축사하는 강창희 국회의장

박근혜 대통령의 준공 축하메시지를 시청하고 있는
참석자들

진동민 1차월동대장에게 기념패를 증정하고 있는
미국연구재단의 켈리 포크너

타임캡슐을 매설하고 국회의장단과 기념 촬영하는
장보고주니어와 월동대장

서 계획한 대로 외부에서 행사를 진행할 수 있었습니다. 하지만 동영
상으로 보내온 박근혜 대통령의 축사는 점차 강해지는 바람으로 실내
로 이동하여 참석자들이 같이 시청하였습니다. 박대통령과 강창희 의
장은 남극의 혹한지에서 첨단과학기지 건설에 매진하는 건설관계자
와 처음 월동생활을 하게 될 1차 월동대를 격려하였습니다. 또한, 인
근에 상주기지가 없는 곳에 장보고기지를 건설함으로써 국제사회에
기여하는 계기를 마련한 것을 치하하고 남극연구활동에 더욱 매진하
여 극지연구 중심국가로 발전할 수 있도록 최선을 다해 줄 것을 당부
하였습니다.

준공식과 기지주요시설에 대한 시찰을 마친 준공식 참석자들은 1차 월동대, 건설단과 함께 오찬을 함께 하였으며 이 자리에서 외국기지 대표자들은 장보고기지를 중심으로 공동연구 활동에 대한 기대감을 피력하였습니다. 장보고기지에서 모든 공식일정을 마친 준공식 참가자들은 총총히 아라온 호에 승선하여 맥머도기지로 향하였습니다. 준공식을 위해 남극을 방문한 강창희 국회의장 일행은 남극에서 출발하기 전에 맥머도기지와 스콧기지를 방문하기도 했습니다. 한편, 1차 월동대원들과 남극주니어로 참석한 김백진 군과 조부현 양이 작성한 메시지를 넣은 타임캡슐을 강창희 국회의장 등이 지켜보는 가운데 기지 앞 준비된 곳에 매설하였으며 이 타임캡슐은 20년 후에 개봉될 예정입니다.

3월의 건설단 철수

2월 12일 준공식을 마친 월동연구대와 건설단은 건설공사 마무리에 매진하였습니다. 준공식을 마친 후 건설공사가 거의 마무리되어 건설단은 각종 설비에 대해 월동연구대와 함께 시운전을 하고 교육을 실시해야 했지만 악기상과 예상치 못했던 장비들의 고장 등으로 공사가 계속 지연되었습니다. 기지에 동력을 제공해야 하는 발전기는 설치되었으나 세팅 과정에서 반복적으로 오류가 발생하여 가동을 할 수 없는 상태이었습니다. 동력원이 안정적으로 확보되지 않아 다른 장비들도 설치와 시험가동에 어려움이 계속되었습니다. 건설단과 월동대가 공동으로 여러 가지 방안을 검토하고 시험하는 과정을 반복하여 겨우 안정적으로 발전기를 가동할 수 있었습니다.

한숨을 돌린 순간은 잠시, 이번에는 식수를 포함한 생활용수로 사용될 바닷물을 끌어올리는 취수구에 문제가 발생하였습니다. 취수를 위한 펌프가 설치되었지만 바닷물의 양이 예상만큼 많지가 않았습니다. 급히 설계보다 조금 낮은 위치로 펌프장을 이동하고 나서야 물이 정상적으로 올라오기 시작했지만 기온이 낮아지면서 갑자기 물이 나오지 않았습니다. 잠수사가 물에 들어가 확인한 결과 기온이 낮아지면서 취수구 주변에서 바닷물이 슬러지처럼 변하여 이것들이 취수구를 막았기 때문으로 파악되었습니다. 슬러지가 발생하더라도 오염물질이 별로 없음을 감안하여 취수구 주변의 거름망의 일부를 잘라내서 넓게 변경하자 물이 제대로 올라왔습니다.

하지만 이번에는 취수한 물과 담수화한 물을 저장하는 탱크에 문제가 발생하였습니다. 탱크가 만수가 되자 탱크 하부에 미세한 균열이 발견된 것입니다. 탱크에 물을 가득 채우지 않으면 1년간 생활하는 것은 문제없을 것이라는 건설사의 이야기가 있었지만 결국은 정확한 진단과 보강작업을 위하여 국내에서 관련 전문가를 부르기로 했습니다. 건설과정에서 예상치 못한 문제점들이 나타나면서 계속 일정이 지연되었고 '종합시운전'을 할 수 없는 상황이 되었습니다. 시공사, 감리단, 연구소 간 수차례의 연석회의를 통하여 남은 일정기간 동안 전체 시공보다는 월동생활에 필수적인 기지핵심시설에 역량을 집중하기로 하였습니다. 연구소와 협의하여 월동을 시작한 후 만약의 사태에 대비하여 아라온에 실려 있는 2리터 음용수 2,500병을 기지에 비축하였습니다.

3월이 되면서는 바다에 얼음이 얼기 시작했고 당초 건설단이 3월 10일에 출항하는 것으로 계획하고 있었기 때문에 기지는 더욱 바빠졌습니다. 저수 탱크와 발전기 문제를 진단할 전문가가 맥머도기지까지 타고 올 미국 비행기도 기체 결함으로 두 차례 연기 끝에 전문가들은 3월 9일에나 기지에 도착하였습니다. 바다의 결빙상태를 고려하여 아라온의 출항은 최대한 늦추되 화물선은 3월 14일 기지를 출발해서 아라온이 얼음이 없는 해역까지 호위를 하였습니다.

해수 취수와 담수 탱크에 응급조치를 하고 1년간은 만수로 운영하지 않으면 문제가 없으리라는 진단이 내려졌고, 발전기의 문제점도 확인되어 운영상에 큰 문제점이 없을 것으로 진단되었습니다. 월동대는 매일 조간회의를 통해 건설 현황과 예상되는 문제점을 각 부분의 대원들이 설명하고 공유하였습니다. 계획대로 기지가 완공이 될 수 없는 상황이지만 세종기지에서 월동을 경험한 대원들이 다수 포함되어 있고, 필수 시설이 어느 정도 정비되어 모든 대원들이 월동에 들어가기로 결정하였습니다.

아라온 호와 건설단이 하루라도 더 있으면서 조금이라도 더 많은 업무를 인계받고 싶었지만 바다가 얼어가고 기상이 나빠지고 있었습니다. 기상이 나빠져 눈이 내리면 아라온 호가 쇄빙을 하는 것에도 어려움이 발생하여 아라온 호의 선장도 걱정을 하고 있어 더이상 출항

3월 14일 아라온의 호위를 받으며 화물선이 기지를 출발했다.

3월 17일 기지 출발 직전의 아라온 호

을 미룰 수가 없는 상황에 이르렀습니다. 이에 3월 15일 건설단과 월동대는 아라온 호 출항을 17일 저녁으로 잡고 잔업정리와 출항준비에 들어가게 됩니다. 3월 17일 18시에 월동대 17명을 제외한 모든 인원이 아라온에 승선 완료하고 약 두 시간에 걸쳐 화물 결속 등을 마치고 20시에 아라온을 기지를 출발하였습니다. 17명의 월동대원만 남은 장보고기지에 3월 18일과 19일 양일간 기지에는 강풍을 동반한 많은 양의 눈이 왔습니다.

3월 말 첫 오로라

자남극에서 약 1,400킬로미터 떨어져 있는 장보고기지에서 가장 기대되는 것은 오로라를 육안으로 보는 것입니다. 월동대원 중 이창섭 대원과 신진호 대원은 장보고기지에 오기 전부터 오로라 촬영을 준비했었습니다. 추운 밤 두 대원이 동시에 또는 번갈아가며 기지나

오로라 촬영 설명을 들은 후 직접 촬영을 해보는 대원들

빙하 등을 배경으로 촬영한 좋은 사진을 대원들에게 보여주고 또 연속 촬영한 사진을 동영상으로 만들어 보여주자 다른 대원들도 자연스럽게 사진 촬영에 관심을 갖기 시작하였습니다. 진동민 대장이 그랬고 나중엔 이상훈 전자통신대원이 가세하여 멋진 풍경을 보여줬습니다. 그 외 대원들도 자기 카메라를 이용하여 이리저리 찍어도 봅니다. 야간에 당직자가 오로라 발생을 목격하면 안내 방송을 통해 많은 대원들이 오로라를 감상하고, 사진을 찍기도 합니다. 사진에서 확인하실 수 있는 바와 같이 오로라는 뒤의 은하수, 별과 함께 장관을 이룹니다.

3월 31일 오로라가 대원에 의해 첫 촬영된 이후 이 사진들은 연구소로, 국내 방송으로 전파되었습니다. 극야로 접어들고 밤이 점점 더 길어짐에 따라 그리고 맑은 날이 많이 나타남에 따라 더 많은 사진들이 찍히고 마치 너도나도 오로가 전문가가 된 듯한 느낌이었습니다.

오로라는 장보고 하늘이 맑고 어두우면 거의 대부분 볼 수 있습니다. 다만, 오로라가 나타나는 시각이나 지속시간은 늘 달랐습니다. 지속시간이 한 시간 이내일 때도 있고, 서너 시간 이상일 때도 있습니다. 지속 시간이 긴 경우가 더 밝고 장관을 이룹니다. 극야 기간에는 오전까지도 오로라를 목격할 수 있습니다. 지금까지는 한 달에 2번 정도 강한 오로라가 발생하고 있습니다.

4월 두꺼워진 해빙 그리고 걸어서 이탈리아기지까지

3월 17일 아라온이 출항하고 기지에 덩그러니 남은 월동대는 외부 정리와 월동대 보급품으로 가져온 식품과 장비들을 제 위치에 들이고 설치하느라 분주하게 지냈습니다. 금방 겨울이 올 것처럼 하루가 다르게 해는 짧아지고 기지 앞의 바다도 얼어갔기 때문입니다. 바다가 얼면서 취수구가 파손되지 않도록 매주 약 2회씩에 걸쳐서 주변 얼음을 정리하였습니다. 3월 말이 되면서는 임시부두와 부두 앞의 바다가 얼었습니다. 3월 30일 휴무를 맞아 대원 이성수 대원과 신길호 대원이 안전장구를 착용한 채 해빙 위로 이동해서 곤드와나 기지를 다녀왔습니다. 보급품을 건물 내로 들이는 작업이 어느 정도 마무리된 4월 13일에는 부두 앞 캠벨 빙설 인근과 곤드와나캠프까지 도보로 이동하면서 바다가 완전히 결빙된 것을 확인하였습니다. 연구소 안전지침에 따르면 바다얼음이 10센티미터 이상 얼면 해빙 낚시가 가능하고 20센티미터 이상이면 스노모빌 운행이 가능합니다. 하지만 얼음판과 얼음판 사이에 크랙이 있어서 크랙 부분은 아직 덜 언 부분이 있음이 관측되었습니다. 월동대는 겨울이 오기 전에 주변지형에 좀 더 익숙해지고 바다가 결빙되어 가는 과정을 관측하려고 했습니다.

4월 16일 연구소 개소기념일을 맞아 대장을 포함한 5명의 대원이 도보로 곤드와나캠프를 지나 이탈리아 방향으로 결빙상태 관측에 나섰습니다. 중간지점에서 되돌아올 예정이었으나 비교적 빨리 도착했고 해빙상태가 아주 좋았습니다. 물론 맑은 공기로 멀리 있는 마리오주켈리기지가 눈앞에 아주 가깝게 보였습니다. 기상 상태를 확인한 후 계획을 변경하여 내친김에 이탈리아기지까지 가기로 계획을 변경하였습니다. 하지만 기지에서 이탈리아의 마리오주켈리기지까지의 중간지점인 약 4킬로미터가 되는 지점부터는 개인용 무전기로는 기지와 통신이 안 되는 것으로 파악되었습니다. 향후에는 스노모빌에 장착한 출력이 조금 더 좋은 무전기나 이리듐폰을 휴대하는 것이 필요한 것으로 확인되었습니다. 이탈리아기지가 가까워지자 바다는 아주 고운 흙가루로 덮여서 검게 보였습니다. 얼음도 이들과 섞여서인지 푸석하게 느껴졌습니다. 이탈리아기지에서 바다 방향으로 부는 강한 바람으로 육상의 흙들이 날려 온 것입니다. 이탈리아기지에 도착하자 대원들은 그 규모에 모두 놀랐습니다. 하계에만 운영하는 기지라 규모가 작을 것으로 생각했으나 우리 기지와 비교해도 결코 작지 않았습니다.

3킬로미터의 해빙활주로와 8백 미터의 작은 활주로를 운영하기 위하여 항공관제시스템이 있고, 부두에는 40톤 크레인이 있으며 최대 약 100명이 체류할 수 있는 규모입니다. 기지가 세워진 지 20년 이상

해빙 종단 후 마리오주켈리기지 앞에서의 기념 촬영

지나 크고 작은 시행착오를 거치면서 하계기간의 효율적인 운영에 최적화가 된 듯한 느낌입니다.

이미 아무도 없다는 것을 알고 왔지만 먼 길을 걸어왔는데 아무도 만날 수 없다는 아쉬움을 기지와 주요시설물을 배경으로 사진촬영을 하는 것으로 대신하고 서둘러 발길을 돌렸습니다. 이탈리아기지까지 올 때는 처음 오는 길이라 먼 것을 느끼지 못했지만 이제 되돌아가는 길은 피로감이 더해져 멀게만 느껴졌습니다. 우리를 기다리고 있는 기지 대원들을 위해 발걸음을 서둘다 보니 키 큰 대원(김성수, 최태진)들과 거리가 자꾸 벌어졌습니다. 안전을 담당하고 있는 양환공 대원은 기지와의 무전교신을 위해 무전교신이 되는 지점까지 앞에서 뛰어 갔습니다. 기지와 무전교신을 하고 나서야 조금 걸음을 천천히 할 수 있었습니다. 그러는 사이 어느덧 저녁시간이 되었고 해빙 너머 수평선을 배경으로 부챗살 광선과 보름달이 멋지게 뜨고 있었습니다.

6월의 동지

6월 21일은 북반구에서는 1년 중 해가 가장 긴 하지이자 남극을 포함한 남반구에서는 해가 가장 짧은 동지입니다. 남극에서는 월동기간 중 이날을 가장 큰 행사로 축하하며 휴무를 포함한 다양한 행사를 합니다. 시기적으로 월동의 반환점을 도는 시점이어서 남극기지 국가들의 정치, 문화, 역사가 다른 점을 감안할 때 공통적으로 공감할 수 있는 시기입니다. 월동의 반을 무난히 보냈고, 돌아올 해를 기다리며 다가오는 하계 활동 준비를 잘 하자는 다짐을 하게 됩니다. 동지 축하 행사는 이런 다짐과 기원을 담은 동지 카드를 만들어 다른 기지와 본국에 소식을 전하는 것으로부터 시작됩니다. 첫 번째 월동을 하는 장보고기지 월동대원들은 장보고기지를 다른 나라기지에 처음으로 소개하는 기회여서 개성 있는 사진을 찍고, 기지와 주변 환경을 소개하는 동지 카드를 만들어 한국과 세종기지를 포함한 남극의 각 기지에 발송하였습니다. 장보고기지에는 우리나라의 세종기지를 비롯하여 33개소의 남극 기지로부터 동지 카드가 도착했고, 미국의 오바마 대통령과 우리나라 극지연구소를 비롯한 각국 남극 연구소로부터 축하 메시지가 이어졌습니다.

남극에서의 첫 번째 동지 축하 행사는 1898년 벨기에의 남극조사선 벨지카 호의 승무원들이 했다고 알려져 있습니다. 당시 벨지카 호는 같은 해 2월 남빙양 벨링스하우젠 해의 해빙에 갇혀 어쩔 수 없이 월동을 하게 되어 동지를 맞이하게 된 것입니다. 장보고기지와 이탈리아기지의 사이의 바다에 겔라쉬 인렛이 있는데 이 벨지카호의 대장인 아드리앙 드 겔라쉬(Adrien de Gerlache)의 이름을 따서 명명되었습니다. 남극 동지는 그 후 영국의 스콧, 새클턴 등 초기 남극 탐험가들도 특별한 요리로 동지의 특별함을 자축하는 행사의 사진이 전해져 오고 있습니다. 동지 카드 발송은 그 후에 이루어졌는데 미국 해군 제독이자 극지 탐험가인 리처드 버드(1929년 비행기로 로스 빙붕에서 남극점을 18시간 41분에 걸쳐 왕복함)가 전신을 이용하여 소식을 전한 것이 유래가 되었다고 합니다.

　장보고기지 월동대는 이날을 축하하기 위해 기념 촬영을 시작으로 동지 카드 발송, 동지 파티, 윷놀이, 장기 등의 민속놀이 등의 행사를 하였습니다. 남극 동지 행사 중 가장 성대하고 기대가 되는 것이 특별한 음식을 먹는 것입니다. 다른 나라 기지에서 보내온 많은 축하 카드를 보면 동지에 먹을 특별한 요리가 적혀 있습니다. 특히 냉동식품 재료가 대부분일 수밖에 없는 남극기지에서의 식사는 특별한 날의 특별한 요리로 한층 분위기가 고조됩니다. 장보고기지에서는 처음이자 마지막으로 가재요리가 나왔습니다. 비록 냉동 가재였지만 그동안의 요리와는 다른 별미였습니다. 일부 대원들은 가재요리에 신이 나는 양 가재놀이도 하였습니다. 당연히 살아있는 가재로는 하면 큰일 납니다. 그리고 대원들이 모여 함께 만두를 빚기도 하였고, 축하 케이크를 만들어 그동안의 다른 대원들의 노고에 서로 감사하고, 남은 기간 건강하게 보낼 것을 다짐하였습니다. 다만 영하 23도 전후의 낮은 기온과 어두운 극야로 야외 행사가 진행되지 못하고, 실내에서 윷놀이,

가재놀이

만두 빚기

장보고기지 동지카드 1

장보고기지 동지카드 2

장보고기지 동지카드 3

각 기지의 동지 축하 카드 모음

장기 등 민속놀이만을 해야 해서 아쉬웠습니다. 다음 월동대들은 더
잘 준비해서 다양한 야외 행사로 기억에 남을 추억을 만들었으면 합
니다.

8월의 일출 그리고 국기 게양식

장보고시각 8월 16일 12시 59분경. 마침내 기다리던 해가 떠올랐습니다. 지난 4월 28일 마지막 해를 본 이후로 110일 만입니다. 위도 상으로는 이미 떠올랐어야 했지만 해가 뜨고 북중(남반구에서는 해가 동쪽에서 떠서 북쪽으로 이동 후 서쪽에서 진다)하는 지역은 멜버른 산 등 고도가 높은 산이 위치하여 해를 볼 수 있는 시간이 늦어졌습니다. 게다가 7월 하순부터 맑은 날보다 흐린 날이 많아 이삼일 더 일찍 해를 볼 수 있는 기회도 늦추어졌습니다. 하지만 우리가 느끼지 못하는 사이 지구는 여전히 지축이 기울어진 채 태양 주위를 열심히 달렸고, 드디어 해가 모습을 드러냈습니다. 해돋이 후 햇빛에 잠긴 기지는 그동안 여명 속에 있던 모습과 다르게 생기가 돌았으며, 일부 대원들은 해돋이 모습을 카메라에 담기도 하고, 기념 촬영으로 분주하게 보냈습니다. 하지만 이날 해는 잠시만 모습을 드러냈고, 해돋이 후 한 시간이 채 지나지도 못하고 해넘이가 있었습니다. 아쉬운 마음은 컸지만 그토록 바라던 해를 보고 사진도 찍은 감동을 이어가고자 저녁에 간단한 축하파티를 하였습니다. 단순한 파티가 아니라 기온도 점차 오르고 바야흐로 두 달 앞으로 다가온 하계 활동에 대비한 본격적인 준비의 서막을 알리는 일종의 다짐의 시간이었다고나 할까요?

해가 처음 뜬 이날은 휴무일인 토요일이라 첫 해돋이에 기획했던 국기 게양식 행사는 이틀 뒤인 8월 18일 월요일에 진행되었습니다. 그런데 이 날은 구름이 해를 가려 이글이글 불타는 태양을 직접 볼 수

극야 종료 후 첫 일출

첫 일출 후 국기게양식

는 없었지만, 국기 게양식을 하기에도, 대원들이 구름 속의 해를 감상하기에는 충분히 밝았습니다. 태극기 게양 후 최영수 대원의 육성으로 장보고기지에 울린 애국가에 모두 가슴이 찡하였습니다. 이어서 모처럼 단체 및 개인 사진을 찍고 간단히 행사를 마무리하였습니다.

8월 27일 수요일 오후. 대원들의 체력 단련 및 건강한 월동 생활을 위해 매주 진행되는 수요일 오후의 '체수' 행사는 맑은 날씨와 약한 바

해빙 위에서 빙산을 배경으로 봄나들이 단체 사진

람에 야외에서 진행되었습니다. 기지 바로 앞에서 해빙에 잡혀 우리와 같이 월동을 하게 된 빙산은 극야 전의 모습과는 달리 바람에 많이 깎여 마치 해빙 속을 항해하는 배의 모습을 하고 있었습니다. 대원들은 전체 그리고 삼삼오오 다양한 모습의 사진을 찍으며, 마치 봄이 온 듯 그 기운을 마음껏 누렸습니다. 그러던 차에 하늘은 또 하나의 선물 '천정호'를 보여주었습니다. 초승달 모양의 무지개가 붉은 태양 위로 모습을 드러낸 것입니다. 다른 곳에서는 보기 힘든 이런 하늘의 모습은 이후 8월 29일 그 절정에 달하여 야광운, 진주운 등 구름의 향연을 대원들이 즐길 수 있었습니다. 8월은 해가 뜨는 달이기도 하지만 여전히 낮은 기온 그리고 낮은 태양 고도각이 합쳐져 진귀한 자연 현상을 볼 수 있는 좋은 달이기도 하였습니다. 극야를 무사히 마친 대원들의 노고에 대한 장보고기지 남극의 선물인 듯하였습니다.

9월의 추석

음력 8월 15일. 한국에서는 가장 큰 명절 중 하나인 추석을 맞아 가족과 친지들이 모여 차례도 지내고 서로의 이야기꽃을 피우며 오랜만에 시끌벅적한 시간을 가졌을 것입니다. 국내에서는 고향을 방문한다고 몇 시간씩 이동하는 게 다반사지만, 이곳에서는 방문을 열기만 하면 바로 이웃(?) 대원들을 볼 수 있는 장점이 있지요. 물론 가족들과 함께 시간을 할 수 없는 게 아쉽지만 추석을 맞아 월동대원들 모두 모

추석 준비

차례 지내기

1907년 섀클턴이 마신
위스키로 복원된 몰트위스키

추석 음식 모음

여서 송편을 빚고, 전도 만든 후 차례도 지냈습니다. 여기서는 식재료가 한정되어 있어 우리나라에서만큼 많은 종류의 음식을 하지는 못합니다. 월동생활을 하는 약 1년 먹을 식재료를 한꺼번에 갖고 오다 보니, 채소가 가장 먼저 소비되고 그나마 냉동으로 오래 보관할 수 있는 육류가 가장 오래도록 남습니다. 그래서 추석 때 만든 음식들도 육류를 포함한 음식들이 많습니다. 차례 후 음복으로 1907년 남극탐험가 섀클턴이 님로드 탐험에서 마셨던 위스크를 복원한 몰트를 마셔 남극

보름달 관찰

제1회 장보고 오픈 골프 대회

추석의 의미를 더했습니다.

8월에 극야가 끝나고 일출이 시작되면서 날씨가 한동안 계속 좋지 않아서 해를 볼 수 있는 날이 손가락으로 꼽을 정도였는데 추석 연휴 동안은 언제 그랬냐는 듯이 바람도 약하고 쾌청한 하늘에서 밝은 태양과 달을 볼 수 있었습니다. 오랜만에 보는 해와 달이라서 우주과학 대원의 도움으로 천체망원경을 설치하고 직접 달과 해를 볼 수 있는 경험도 할 수 있었습니다. 렌즈를 통해 직접 태양을 보면 태양의 강한 빛으로 인해 실명이 될 수도 있어서 필터를 통해서만 볼 수 있다고 하네요. 저녁에는 보름달을 보면서 각자 소원을 빌기도 했는데 옅은 구름이 있는 상태에서 달 주위로 무리가 지면서 달 코로나가 아주 예쁘게 나타나기도 했습니다.

장보고기지에서는 야외 체육활동을 하기 어려운 조건이라서 실내에서 운동을 많이 합니다. 대표적으로 탁구와 당구, 실내골프 연습장인데 이번에는 추석을 맞이하여, 일명 장보고 오픈 골프대회도 있었습니다. 이곳에 와서 골프를 처음 배운 대원들이 많아서 아직은 서툴고 어렵기도 했지만 서로 배운 실력을 마음껏 겨뤄보면서 즐거운 시간을 보냈습니다. 남극에서 맞이한 추석은 물질적으로 풍요롭지는 못하지만 월동대원들의 넉넉한 웃음과 마음으로 장보고과학기지를 포근하게 채워주는 시간이었습니다.

9월의 봄소식을 들고 찾아온 해표

9월로 접어들면서 멀리 바다가 뚜렷하게 보이기 시작했습니다. 흰색 얼음으로 덮인 바다 멀리 짙은 푸른색이 보이곤 했는데 망원경으로 보면 얼음이 녹은 바다였습니다. 그 바다보다 훨씬 가까운 곳에서 며칠 지나지 않아 흰색 얼음의 평원 위에 검은 점이 보이기 시작했습니다. 그런데 점들은 나타났다 사라지곤 했는데 이를 목격한 대원들이 많아졌고 망원경으로 보아도 정체가 확실하지 않았습니다. 대원들 모두 해표라는데 동의를 했지만 그 해표가 어디에서 나타났는지 의문이었습니다. 인익스프레서블 섬 앞의 폴리냐는 해표가 이동하기에는 너무 먼 거리에 있었기 때문입니다. 월동대원들 외에는 살아 움직이는 생물을 몇 개월 동안 보지 못했던 대원들에겐 펭귄과 더불어 남극을 상징하는 해표를 직접 확인할 수 있다는 기대감이 다가왔습니다. 더불어 10월 중순이면 이탈리아가 운영하는 항공기와 해빙활주로를 이용해서 하계대가 들어와야 하는데 혹시 얼음이 빨리 녹으면 일정에 차질이 생길 수도 있다는 염려가 생기기도 했습니다.

해빙 곳곳에 있는 크랙   날카로운 해빙 크랙 사이를 오르내리면서 몸에 생긴
상처를 확인할 수 있었다.

　9월 20일 설상차와 스키두 2대를 갖고 해표가 올라와 있는 인근의 해빙상태를 확인해 보기로 했습니다. 설상차는 안전을 위해 겨울 동안 정기적으로 해빙 두께를 측정한 곳까지만 운행하고, 그 이후의 지역은 신속하게 움직일 수 있는 스키만으로 이동하면서 해빙 두께를 측정하였습니다. 다행히 해빙 두께는 겨울에 조사한 지역과 비슷하게 거의 2미터 정도였습니다. 하지만 중간중간 큰 크랙을 확인할 수 있었으며, 특히 해표가 올라와 있는 지역에는 큰 크랙이 아주 길게 나타나 있었습니다. 해표가 먼 폴리냐로부터 이동한 것이 아니라 해빙에 생긴 크랙으로 올라왔던 것이었습니다. 해표들은 크랙에 자신들이 바다를 오갈 수 있는 구멍을 유지하기 위하여 바다 밑에서 얼음을 이빨로 깨면서 이빨이 많이 상한다고 합니다. 또한 날카로운 해빙 크랙을 오르내리면서 몸에 많은 상처를 입기도 한다고 합니다. 실제 해빙 위의 해표에게서 상처를 발견할 수 있었습니다. 겨우내 기지 주변에서 채취하지 못했던 은어 알을 9월 18일 뜬 바닷물에서 채취할 수 있었습니다. 추위와 강한 활강풍이 계속되어 아무것도 살 수 없을 것 같았

던 이곳에도 새로운 생명이 탄생하는 여름이 다가오고 있는 것을 실감할 수 있었습니다.

남극에 서식하는 물개와 해표를 보호하기 위한 국제 조약인 "남극물개보전협약"은 보호종으로 코끼리해표, 레오파드해표, 웨델해표, 게잡이해표, 로스해표, 남극털가죽물개 6종을 지정하고 있습니다. 남극에 가장 많이 분포하고 있는 것은 큰 무리를 지어 서식하는 것으로 유명한 코끼리해표이며, 그다음 많이 분포하는 것이 '귀요미'로 알려진 웨델해표입니다. 이날 우리가 본 것도 모두 웨델해표이었습니다. 레오파드해표는 간혹 수중에서 연구 활동을 하는 사람들을 공격하기도 하는 악명이 높은데 기지에서는 4월에 발견되어 잠수를 준비하는 다이버를 긴장시키기도 했습니다.

10월의 이탈리아 선발대의 도착과 해빙활주로

9월이 들어서면서 이탈리아기지에 사람들이 언제 들어올지가 궁금해졌습니다. 이탈리아남극프로그램 담당자에게 이메일을 보냈더니 10월 15일 미국항공기편으로 뉴질랜드 크라이스트처치를 출발해서 미국 맥머도기지에 도착하여 다시 헬기편으로 들어올 예정이라고 답신이 왔습니다. 해빙활주로 건설을 위해 겨우내 우리가 조사한 바다 얼음 두께 자료를 보내주었고 10월이 되면서는 해빙 표면을 몇 차례 더 조사하여 보내주는 등 서로 전자메일을 주고받았습니다. 10월 15

일 이탈리아기지에 사람들이 들어올 계획이라는 것을 전해 들은 대원들은 잔뜩 기대를 하고 있었습니다. 최영수 대원은 '간단한 이탈리아어' 한 장을 정리해서 대원들에게 나눠주기도 했습니다. 주방장은 이탈리아 기지에 여성대원이 들어오는지를 여러 차례 물어보곤 했습니다. 하지만 여자대원이 들어오는지 낸들 알 재주가 있나? 대놓고 이메일로 물어보기도 그렇고 그냥 들어올 때까지 기다리는 수밖에.

그런데 막상 15일은 바람이 강하게 불어서 헬기가 들어올 수 없는 날씨였습니다. 다행히 다음날인 16일은 바람이 잦고 하늘이 맑았습니다. 이탈리아기지에 사람들이 들어오기 전에 한 차례 더 해빙조사를 하기로 하고 이탈리아기지 인근까지 다녀왔습니다. 조사 후 우리 기지에 거의 도착했을 때 헬기소리가 들렸습니다. 오랜만에 듣는 헬기소리가 어디에서 나는지 모두들 두리번거렸지만 처음엔 보이질 않았고 나중에 보니 저 멀리 하늘 높이 헬기가 떠 있었습니다. 대부분 헬기가 낮게 떠서 올 것이라고 기대했지만 헬기는 아주 높이 떠 있었고 우리 기지를 두 차례 선회하고 이탈리아기지 방향으로 날아갔습니다. 하루 뒤인 17일 오후에 다시 갑자기 기지에 헬기 소리가 들리더니 기지 헬기장에 헬기가 도착했습니다. 이탈리아는 뉴질랜드 헬리콥터 회사로부터 헬기 2대를 임차하여 겨울에도 기지에 보관하고 있는데 그중 한 대를 타고 온 것입니다. 주변에서 작업을 하던 대원들이 헬기 근처로 모여들었습니다. 이탈리아 기지대장 쥬세페 드 로시와 뉴질랜드 헬기조종사 토니가 내렸습니다. 남극 경험이 아주 많은 쥬세페는 신선한 사과 한 상자를 가져왔습니다. 며칠 전부터 간단한 이탈리아어를 준비했던 최영수 대원은 뉴질랜드 헬기조종사인 토니에게 다가가서 이탈리아어로 '본죠르노 벤베누또'라고 했으나 토니는 어리둥절해 했습니다. 월동대원이 아닌 다른 사람들을 몇 개월 만에 만난 대원들은 너무 기뻐했습니다. 본관 식당에서 잠시 이야기를 나누고 쥬세페는 활주로 선정을 위해 헬기로 해빙 상태를 같이 둘러보기를 제안했습니다. 쥬세페는 이미 보내준 자료를 검토하고 와서 몇 차례 해빙 위를 둘러보고 해빙활주로 루트를 결정했습니다.

우리는 해빙활주로 건설 등을 협의하기 위해 19일 이탈리아기지를 방문했습니다. 우리가 보내준 자료를 기초로 해빙활주로 방향을 이미 확정하고 20~21일에 활주로를 위한 각종 표시물을 설치하기로 했습니다. 우리는 해빙활주로를 설치해 본 경험이 없기 때문에 이탈리아 대원들이 하는 작업에 동참하여 활주로 표시를 위한 깃발 설치와 표시물 설치를 같이 수행했습니다. 이탈리아는 그해의 해빙 상황에 따라 2.5~3킬로미터의 해빙활주로를 설치했는데 이번 시즌에는 비교적 해빙상태가 양호하여 3킬로미터 해빙활주로를 설치하였습니다. 길이 3킬로미터, 폭 70미터의 활주로를 설치하기 위하여 일정한 간격으로 해빙에 구멍을 내고 깃발을 꽂아 표시를 하였습니다. 활주로가 끝나는 곳에서는 다시 1킬로미터에 걸쳐 일정한 간격으로 빈 녹색 드럼통을 세워 하늘에서 조종사가 활주로를 식별하기 용이하게 표시물을 설치하였습니다. 그런데 실제 활주로는 우리가 해빙 두께를 조사했던 곳에서 더 바다방향으로 나가 있었기 때문에 해빙 두께가 조금은 걱정되어서 쥬세페에게 해빙 두께를 측정했는지를 물었더니 우

10월 16일 우리 기지 상공에 나타난 미국연구재단헬기.
이탈리아 선발대가 타고 와서 우리기지 상공을
두 차례 선회하여 자기들이 도착했음을 알렸다.

첫 방문객. 이탈리아 기지대장 쥬세페의 방문으로
모두 함박웃음을 짓고 있는 대원들.
쥬세페는 사과 한 상자를 선물로 가져왔다.

바람이 불고 있는 가운데 해빙활주로 설치 작업을
하고 있는 대원들

장보고기지와 이탈리아기지 간의 겔라쉬 인렛에
완성된 해빙활주로의 모습(장보고기지 2차 월동대 제공)

리가 한 것을 믿고 더 이상 하지 않았다고 했습니다. 갑자기 걱정이
되었습니다. 서둘러 해빙 위에서 작업하는 팀에게 활주로 끝부분의
해빙 두께를 측정해 보라고 했습니다. 다행히 우리가 측정했던 곳보
다 오히려 조금 더 두꺼웠습니다. 이탈리아 측과 비행기가 도착하면
해빙위에서 해야 할 작업을 협의하고 그 내용을 우리 대원들에게 몇
차례 설명하여 서로 숙지를 했습니다. 이제는 하계팀이 뉴질랜드 크
라이스트처치에서 출발하기만을 기다리는 일만 남았습니다.

10월의 하계대 항공수송작전

이탈리아남극프로그램은 남극연구활동을 위해 매년 남아프리카항공사Safair의 항공기Hercules L-100를 임차하여 뉴질랜드 크라이스트처치에서 이곳 테라노바 만의 해빙활주로를 약 한 달에 걸쳐 운행합니다. 이번 시즌에도 10월 21일에서 11월 20일까지 7회를 운행할 계획으로 극지연구소도 이 중의 일부를 공동 활용하기로 이탈리아남극프로그램과 협약을 체결하였습니다. 이탈리아 선발대와 서둘러 해빙활주로를 완성하고 21일 첫 비행기가 들어오기를 기다렸습니다. 첫 비행기로 현대건설 인력이 들어오기 때문에 건설 인력이 체류할 가설숙소 주변의 눈을 정리하고 가설발전기도 미리 살려서 도착하면 바로 따뜻한 방으로 들어갈 수 있도록 해두었습니다. 21일 당일 날이 화창하였으나 크라이스트처치에서 비행이 연기되었다는 연락을 받았습니다. 잠시 후에 이탈리아기지로부터도 비행이 연기되었다는 연락을 받았습니다. 이곳 테라노바 만은 날씨가 좋았으나 350킬로미터 떨어진 미국 맥머도기지가 기상이 좋지 않다는 이유 때문이었습니다. 만일의 경우를 대비해서 이곳과 미국 맥머도기지가 모두 기상이 좋아야 항공기를 운항하는 것입니다. 며칠간 맥머도 쪽의 기상이 좋지 않아 비행은 계속 연기되었고 기지에서 기다리는 월동대도 힘들어하고, 탑승을 기다리는 하계대도 매일 짐을 쌓았다 풀었다를 반복하며 지쳐갈 즈음인 27일 드디어 첫 비행이 이루어졌습니다.

아침 9시 30분 이탈리아기지 대장에게서 항공기가 12시 출발하여

20시에 도착 예정이란 연락을 받았습니다. 오후 2시에는 이탈리아가 항공기를 운항하는 날이면 항공기 착륙 몇 시간 전에 시행하는 브리핑에 참석했습니다. 오후 8시이지만 이미 백야가 거의 임박해 있어 날이 대낮처럼 밝았습니다. 오후 8시에 회색의 항공기가 도착하고 일단의 이탈리아사람들이 먼저 내리고 현대건설 인력과 신민철 극지인 프라부장을 포함한 19명이 도착했습니다. 해빙활주로에선 월동대원들이 사전에 이탈리아기지와 협의한 대로 피스톤불리 차량을 갖고 준비를 하였고 이탈리아기지에서 제공하는 헬기로 도착한 사람들을 기지로 신속하게 이동할 수 있었습니다. 모든 사람들이 기지에 도착했을 때는 밤 9시가 훌쩍 넘었습니다. 기지에선 비행기에서 샌드위치를 제공하고 늦은 저녁 시간을 고려해서 김밥을 준비해 놓았지만 따뜻한 국물이 필요할 것 같았습니다. 정지웅 총무와 양환공 안전대원이 '기지생활과 기지안전'에 대해 설명하고 있는 사이에 서둘러 라면을 준비했습니다. 현대건설로 온 사람 중에는 지난 건설공사에 참여한 사람들이 다수가 포함되어 있었지만 그래도 기지생활과 안전은 중요한 사항이라 모두 참여를 하도록 했습니다. 교육과 야참을 모두 마치니 11시가 넘었고, 늦은 시간이지만 현대건설의 임성락 부장과 향후 일정을 논의하고 나니 자정이 넘었습니다. 이렇게 장보고기지가 생기고 첫 하계대의 도착을 맞는 일이 원만하게 마무리되었습니다.

이후의 항공운항은 비교적 순조롭게 진행되었습니다. 29일 본관 건물의 안정성 모니터링을 위해서 건설기술연구원의 2명이 들어와서 센서 등을 설치하고 11월 11일 출남극하였습니다. 10월 31일에는 생물모티터링팀과 현대건설팀 등 33명이 들어왔고 생물모니터링팀은 모니터링장비 설치와 생물샘플을 성공적으로 마치고 11일 출남극하였습니다. 11월 4일에는 정부조사단과 하계기간 기지에서 활용할 뉴질랜드 헬기 2대와 조종사 2명 등 10명이 들어왔습니다. 11월 6일에는 빙하연구팀, 지질연구팀, 운석연구팀 등의 하계연구팀과 현대건설 등 22명이 들어왔고 이날부터는 해빙활주로에서 기지까지 인력수송을 우리가 임차한 헬기로 할 수 있었습니다. 11일에는 기지에 들어오는 하계대는 없었으나 생물모니터링팀과 본관 건물 안정성모니터링팀 등 하계임무를 마친 9명이 출남극하였습니다. 20일에는 빙하연구팀과 지질연구팀의 하계연구대가 마지막 항공편으로 기지에 들어왔습니다. 이로써 이번 시즌 이탈리아와 공동으로 수행한 남아프리카항공을 이용한 연구인력과 물자 보급이 완료되었습니다. 약 7톤의 물자가 보급되었고 93명의 하계대가 입남극하고 19명이 출남극하였습니다.

한편 뉴질랜드는 공군기를 운항하여 자국의 과학자들을 수송하고 이탈리아 물자 3톤, 우리 빙하연구장비 2톤을 수송할 예정이었습니다. 우리 빙하연구팀은 11월 6일 입남극해서 11월 11일 뉴질랜드 공군기편으로 연구장비가 도착하면 바로 헬기를 이용하여 기지에서 약 80킬로미터 떨어진 스틱스 빙하로 이동하여 캠프를 설치하고 현장작업에 착수할 예정이었습니다. 그러나 11월 11일 운항할 예정이었던 뉴질랜드 공군기는 맥머도기지의 기상이 좋지 않다거나 엔진 정비가 필요하다는 이유로 여러 차례 연기를 반복하면서 이탈리아기지와 우

10월 27일 저녁 8시에 해빙활주로에 도착한
남아프리카항공사(Safair) 항공기

Safair L-100 항공기 내부 모습.
승객은 최대 60명이 탈 수 있다.

도착 후 2시간 이내에 승객과 화물을 내리고 재급유를
마치고 다시 크라이스트처치로 출발한다.

해빙활주로에서 물품을 넘겨받아 피스톤불리와
차량으로 기지로 운송하고 있는 월동대원들

리기지를 초조하게 하더니 결국에는 11월 21일 최종적으로 운항하지 못한다는 통보를 하였습니다. 양 기지는 이 사태를 수습하기 위하여 몇 차례 회의를 반복하고 결국에는 12월 6일 들어오는 아라온 호의 화물 중 일부를 다음 항차로 미루고 크라이스트처치에 남아있는 연구장비와 물자를 우선 보급하기로 결정하였습니다. 남극의 기상과 기체 점검 등으로 기다림이 반복되고 가끔은 아주 취소되어 버리는 일이 늘 일어나는 곳, 이곳이 남극입니다. 그래서 남극에선 언제 남극에 들어가며, 언제 나간다고 이야기하지 않습니다.

10월 예상치 못한 하계기간의 많은 손님들

이탈리아 선발대와 공동으로 해빙활주로 건설을 마치고 10월 21일 첫 비행기가 들어오기를 기다렸으나 맥머도기지의 기상상황으로 여러 날이 연기되었습니다. 이탈리아기지대장인 쥬세페 드 로시와 기지 대원들을 일요일 오후에 서로 교차방문하기로 했습니다. 10월 26일 20명의 이탈리아 선발대원 중에서 15명이 우리기지를 방문했고, 우리는 정지웅 총무, 최태진 대원 등 9명이 마리오주켈리기지를 방문했습니다. 시원한 조망을 갖고 있는 통신실과 기지내의 새로운 시설을 둘러보며 이탈리아 대원들은 부러움을 표시했습니다. 우리 대원들은 오래되고 컨테이너 형태의 건물이긴 하지만 널찍한 공간을 갖고 있는 이탈리아기지를 둘러보았습니다. 이탈리아기지는 오래되긴 했지만 다양한 분야의 연구시설과 각종 설비자재 창고, 정비동, 피복보관실, 안전장구실, 목공실 등을 두루 갖추고 있어 특히 유지반 대원들이 부러워하였습니다. 이탈리아기지에는 우리 기지에는 없는 아이스크림 기계가 있어서 그 유명한 이탈리아표 '젤라또'를 언제라도 먹을 수 있습니다. 또 실내에 흡연실이 있어서 담배를 피우는 우리 대원들이 부러워했고, 냉장고의 맥주 또한 오랫동안 일부 대원들의 부러움을 샀습니다. 이탈리아기지와의 상호방문은 이후 매주 일요일 오후면 진행되어서 월동대뿐 아니라 하계연구대와 현대건설의 사람들도 근무를 하지 않는 주에는 몇 명씩 같이 동행하였습니다.

10월 30일에는 전날 들어온 프랑스연구팀이 프랑스 뒤몽 뒤르빌기지의 기상이 좋지 않아 마리오주켈리기지에 발이 묶였습니다. 마리오주켈리기지는 프랑스와 이탈리아가 공동으로 운영하는 남극 내륙 고원의 콩코르디아기지와 뒤몽 뒤르빌기지의 중간거점기지 역할을 하고 있어서 뉴질랜드 크라이스트처치를 출발한 연구자들은 이곳에서 바슬러(남극 내륙 간 이동에 사용되는 40인승 비행기) 혹은 트윈오터(19인승 단거리 이착륙 쌍발기)의 소형항공기로 갈아타고 최종목적지를 향합니다. 발이 묶인 프랑스팀이 우리 기지를 방문하고 싶다고 연락이 왔습니다. 새롭게 생긴 우리 기지를 모두들 궁금해 했습니다. 오전과 오후로 나눠 8명씩 기지를 방문했습니다. 방문자들 중에는 정지웅 총무가 2007/8년 콩코르디아기지를 방문했을 때 만났던 대원들도 몇 명이 포함되어 있었고 여자대원도 두 명이나 있었는데 우리 대원들이 남극에 들어와 처음 만나는 여성이었습니다.

11월 4일~6일에는 해양수산부 김준석 국장을 수석대표로 정부대표단이 기지를 방문했습니다. 남극대륙에서 첫 월동을 격려하고 건설 진행 현황을 파악하여 향후 남극연구활성화 방안을 모색하기 위해서입니다. 대표단은 월동대원들을 격려하고 기지의 시설물을 꼼꼼하게 살펴보았습니다. 기지 주변의 연구현장을 둘러보고 이탈리아기지도 방문하였습니다. 또한 5일에는 우리 기지를 방문한 국가남극연구운영자회의 사무국장과 합동세미나도 개최하여 국제적인 연구동향을 파악하고 우리나라의 남극연구활성화 방안을 논의하였습니다. 국가남극연구운영자회의 사무국장인 미셸 로건은 이탈리아기지의 초청으로 2일 일정으로 이탈리아기지를 방문했고 이탈리아기지대장의 양

해를 얻어 우리 기지에서 그중 하루를 체류하는 것으로 했습니다. 11월 5일 밤을 우리 기지에서 지낸 미셸은 기지에서 숙박한 최초의 여성이 되는 영예를 가졌다며 무척 기뻐하였습니다.

11월 12일에는 트윈오터라는 경비행기가 기지 앞에 착륙했습니다. 약 350킬로미터 떨어진 미국 맥머도기지에서 날아온 항공기와 승무원들이 우리 기지를 방문한 것입니다. 남극하계기간에는 바슬러와 트윈오터라는 항공기를 연구 활동과 보급지원활동에 활용하고 있는데 캐나다의 켄브뤽이란 회사에서 운영하고 있습니다. 여름철 원활한 항공기 운항을 위해서 뉴질랜드 크라이스트처치와 미국 맥머도기지 등에 사람들이 파견 나와 있는데 미국 맥머도기지에 나와 있는 사람과 조종사 등이 새롭게 생긴 우리기지가 궁금했는지 방문했습니다.

장보고기지 인근에는 독일 지질연구소^{BGR}가 운영하는 '곤드와나'란 캠프가 있습니다. 3~4년에 한 번씩 방문하여 연구 활동에 활용하고 있습니다. 이번 시즌에 우리나라와 야외공동연구를 계획했으나 보급에 어려움이 있어서 성사되지는 못했습니다. 하지만 건물 내부를 개조하기 위해 2명이 이번 시즌에 들어와서 기초작업을 하였습니다. 이들은 건물은 실험실, 취사실, 통신실 등으로만 활용하고 주변에 텐트를 설치하여 숙영을 합니다. 우리 기지가 생기면서 향후 독일과의 공동연구가 활성화될 것으로 기대하면서 2명을 초청하여 기지에서 하루를 숙박하며 우리 연구진과 2015년도 공동연구를 협의할 수 있도록 했습니다. 11월 16일 우리 기지를 방문한 이들은 따뜻한 물에 오랜만에 샤워를 하고 내년도 연구방향에 대한 많은 논의를 하였습니

10월 26일 우리기지를 방문한 이탈리아기지 선발대. 이후에는 매주 일요일 오후면 양 기지 간에 대원들이 상호 방문했다.

10월 30일 프랑스 뒤몽 뒤르빌기지로 가던 프랑스 대원들이 장보고기지를 방문했다. 여성대원 2명이 포함되어 있어서 월동대가 남극에 와서 처음 만난 여성으로 기록되었다.

11월 4~6일에 방문한 정부대표단. 김준석 해양산업정책관, 유연진 극지연 기획부장, 양정현 극지연 총무팀장, 김봉수 미래창조과학부 연구조정총괄과장, 오영록 해양정책과 연구개발팀장, 진동민 기지대장, 이승혁 해양개발과 사무관

COMNAP 사무국장 미셸 로건 방문. 그는 11월 5일을 기지에서 숙박하여 기지건설 후 숙박한 첫 여성이 되었다. 김홍귀 대원과 찰칵!

11월 12일 기지 앞 해빙에 착륙한 트윈오터 항공기. 켄브룩 항공사의 직원과 조종사들이 기지를 방문했다.

11월 16일 기지를 방문한 독일 연구자들. 1박을 하면서 많은 논의를 한 독일 지질연구소의 크리스와 필릭스

다. 남극에 새롭게 생긴 기지라 각국의 관심들이 지대하였습니다. 지대한 관심을 넘어 공동연구를 활성화하기 위해 적극적으로 다가서고 있는 것을 현장에서 체감할 수 있었습니다. 장보고기지가 분명 남극에서 우리의 입지를 높여줄 좋은 지렛대가 될 것입니다.

11월 하계연구활동 지원

해빙활주로를 이용한 수송이 순조로운 가운데 11월 4일 우리가 임차한 헬리콥터뉴질랜드^{HNZ}의 헬기 2대와 조종사 2명, 정비사 1명이 항공편으로 들어왔습니다. 그리고 11월 6일에는 빙하연구팀, 지질연구팀, 운석탐사팀 등 하계기간 전반기 야외연구활동을 수행할 연구진이 도착하였습니다. 이미 10월 31일에 도착한 생물연구팀은 우선은 기지 주변에서 생물시료를 채취하고 헬기운항이 준비된 11월 6일 이후에는 워싱턴 곶에서 황제펭귄 생태연구와 에드몬슨포인트에서 아델리펭귄 생태연구를 수행하였습니다.

헬기운항이 시작되면서 총무와 통신실이 바빠지기 시작하였습니다. 야외연구활동을 하려면 그 전날 활동계획서를 제출하고 모든 연구팀과 조종사가 참석하는 연석회의를 통해 연구팀 간 헬기 사용 계획을 조율해야 했습니다. 헬기 운항을 위해서는 사전에 해당지역의 기상을 확인해야 하기 때문에 빅토리아랜드 지역에 11개의 자동기상 관측장비를 운영하고 있는 이탈리아 관제탑의 도움이 필요하였습니다. 또 헬기가 뜨고 날 때마다 정기적으로 이탈리아 관제탑과 연락하여 헬기가 어디에 있는지를 알리는데 이를 항로추적^{flight follow}이라 합니다. 우리 기지 통신실은 헬기가 운항될 때마다 헬기와 이탈리아 관제탑과 연계하여 항로추적을 했는데 이는 양 기지에서 운영 중인 헬기가 상호 위치를 파악하여 안전을 확보하고 만일의 경우 신속하게 도움을 제공하기 위한 방안입니다.

헬리콥터뉴질랜드의 조종사와 정비사는 뉴질랜드, 캐나다, 호주 출신으로 각국의 독특한 억양이 물씬 배어나는 영어를 구사하였습니다. 월동대와 하계대 모두 업무 조율을 하는데 독특한 억양을 알아듣는데 애를 먹긴 했지만 이곳 남극에서 다양한 영어를 접할 수 있었습니다. 이탈리아 기지도 우리와 같은 HNZ를 임차하여 사용하고 있어서 각 헬기 간에 통신이나 이탈리아 관제탑과의 통신은 아주 원활하게 진행되었습니다. 또한 헬기가 운석탐사를 위하여 남쪽으로 미국 맥머도기지 근처로 비행하면 미국 맥머도기지와 연락을 통해 기상자료를 얻을 수 있어 더욱 안전한 운항이 가능하였습니다. 다음 시즌 독일도 HNZ에서 헬기 2대를 임차하여 사용할 예정으로 이곳에서 헬기를 운항하는 3개국이 모두 같은 회사의 헬기를 사용하여 상호 지원과 만일의 경우 부품을 대체 사용하는 등 효율적인 운항이 가능할 것입니다.

지질조사팀은 기지에서 북쪽으로 약 230킬로미터 떨어진 유레카스퍼에 11월 8일 캠프를 설치하였습니다. 캠프에는 5명이 체류하면서 주변지역의 지질 조사를 수행하였으며 기지에선 매일 오전 07:30분과 오후 9시에 이리듐폰으로 통화를 하여 이상 유무를 확인하였습니다. 11월 12일에 캠프에 체류하던 대원 1명이 손에 가벼운 화상을 입어서 기지로 후송되는 일이 발생되었지만, 26일에는 2명이 추가 투입되는 등 12월 10일경까지 캠프에 체류하면서 지질조사를 성공적으로 수행하였습니다. 지질팀은 그 외에도 기지에서 200킬로미터 범위 내에 있는 메사산악지역 등에서 연구 활동을 수행하였습니다. 헬기를 160킬로미터 이상의 거리를 운항할 때는 안전을 위하여 두 대를 동시에 운항했으며 비교적 짧은 거리를 운항할 때는 단독 운항을 하였습니다. 원래 뉴질랜드 공군기로 연구장비가 들어올 예정이었던 빙하팀은 공군기가 취소되고 아라온 1항차로 장비가 투입되는 것으로 계획이 변경되어 연구일정에 많은 차질을 초래하였습니다. 하지만 다른 팀과 협의를 통해 헬기가 멀리 가지 않는 날에는 기지로부터 약 80킬로미터 거리의 시추예정지인 스틱스 빙하와 맥카시 산악빙하의 지구물리조사 등 시추를 위한 사전조사활동을 수행하였습니다. 운석탐사팀은 지질조사팀이나 빙하팀이 헬기를 사용하지 않는 날이면 기지로부터 남북으로 약 230킬로미터 범위에 있는 여러 지역에서 운석을 탐사했습니다. 남쪽으로는 엘레펀트 빙퇴석지역과 북서쪽으로는 라이켄힐을 탐사했습니다. 아라온 호가 12월 6일 기지 앞에 들어오기 전까지 헬기를 운항할 수 있는 날에는 항상 아침부터 저녁까지 헬기를 운항하였습니다. 야외활동을 직접 수행하는 하계대만큼이나 헬기 운항을 지원해야 했던 기지의 통신실, 총무, 안전을 포함한 유지반 대원들은 모두 긴장의 끈을 놓지 않고 바삐 움직여야 했습니다. 세종기지와는 전혀 다른 하계연구활동 지원이었습니다.

유레카스퍼 지질캠프.
기지에서 약 230킬로미터 떨어져 있다.

복귀하는 헬기의 착륙을 유도하는 양환공 안전대원.
헬기 이착륙 전에는 통신실에서 안내방송으로
헬기장 주변을 통제하여 안전을 확보한다.

12월 하역, 인수인계 그리고 장보고기지여 안녕…

현대건설이 기지 건설과정에서 막대한 양의 건설 자재를 해빙 위에서 하역한 적이 있지만, 연구소가 직접 해빙하역을 하는 것은 처음이었습니다. 기지에선 아라온 호가 도착하기 약 3주 전에 아라온에 선적될 물량을 기초로 하역계획을 수립하여 기지지원팀에 보내 2차 월동대와 아라온 호에서 검토할 수 있도록 준비했습니다. 선상작업은 아라온에서 담당하고, 해빙과 육상작업은 월동대가 담당하며, 안전과 오염방지를 최우선으로 하였습니다. 기지에선 안전하고 효율적인 하역을 수행하기 위해 하역계획을 갖고 여러 차례 반복회의를 통해 각자의 임무를 숙지할 수 있도록 했습니다. 480세제곱미터^{CBM, cubic meter}의 유류하역을 위해 유류유출방지계획을 별도로 수립하여 기지에 시공된 유류탱크와 유류배관 점검을 기한 내에 마무리하고 기밀시험까지 완료하였습니다. 하역해야 할 물품은 20피트 드라이컨테이너 22개와 냉동컨테이너 4개, 굴삭기 1대, 스노모빌 3대, 오토존대 등의 벌크화물과 각 장당 3톤 무게의 해빙하역용 모듈트랙 20장, 트레일러 2대, 유류하역용 호스 등이 포함되어 있었습니다.

12월 7일 아라온 호가 기지 앞 12킬로미터 지점의 해빙에 도착하여 쇄빙을 시작했습니다. 기지에선 사전에 조사했던 해빙 두께 자료를 아라온에 보내 쇄빙에 참고하도록 했습니다. 해빙 두께는 평균 220센티미터로 두꺼웠지만 여름이 되면서 해빙의 강도가 많이 약해져 있었습니다. 아라온 호에는 이탈리아의 드라이컨테이너 3개와 뉴질랜드 공군기편으로 들어오려던 우리 빙하연구팀의 연구장비와 이탈리아의 위성수신안테나 장비가 포함되어 있었습니다. 빙하연구팀은 항공기편으로 들어오려던 연구장비가 계속 지연되어 연구장비를 조금이라도 빨리 하역하여 현장으로 달려가고자 했습니다. 이런 점을 고려하여 아라온 호가 차량을 이용하여 접근이 가능한 지점까지 도달했을 때 이탈리아의 컨테이너 3개와 빙하연구장비와 이탈리아 위성수신안테나가 든 컨테이너를 우선 하역하였습니다. 하지만 기지 인근 지역에 며칠간 지속된 낮은 구름으로 헬기운항이 불가능하여 빙하팀은 결국 하역이 완료된 이후에 현장에 갈 수 있었습니다. 이후 아라온 호는 계속 쇄빙을 해서 기지 부두에서 약 600미터 떨어진 곳까지 접근하고 12월 7일 새벽에 목표 지점에 정박하였습니다.

일요일 오전 하역계획에 의거 대장, 총무, 유지반장, 김홍귀 대원이 승선하여 2차월동대와 아라온 호 선장 등이 참석하여 하역계획을 최종 점검하고 12월 8일 오후 1시부터 하역작업을 시작하기로 했습니다. 유류하역과 관련해선 ISO탱크를 이용하여 하역을 하자는 제안

이 있었으나, 기지에 유류탱크와 배관이 설치되고 처음으로 시도하는 유류하역이기에 건설사가 있을 때 실제 다른 화물 하역을 실시하여 문제점을 파악하는 것이 필요했습니다. 그리고 유류하역을 위한 호스를 연구소에서 제작하여 이번 아라온 호 편으로 투입되었기에 유류호스로 하역을 실시하고 문제점이 있는 경우에 ISO탱크를 이용하여 하역하는 것으로 정하였습니다.

12월 8일 오후 1시에 시작한 컨테이너와 벌크화물 하역작업은 12월 9일 04시에 완료되었습니다. 아라온 호에선 하역경험이 많은 강천윤 2차 대장이 1등항해사를 대신하여 크레인작업을 지휘했고 해빙과 육상에선 하역계획대로 원만하게 진행되었습니다. 컨테이너와 벌크화물 작업을 새벽에 마치고 9일 오전 휴식을 취한 후 오후 1시부터 유류하역 작업에 들어갔습니다. 먼저는 유류하역 계획에 따라 각 담당자별 업무를 재차 확인하고 이번에 보급된 유류호스를 해빙 위에서 연결하고 기밀시험에 들어갔습니다. 100미터 간격으로 유류호스가 연결된 곳에는 2인 1조로 인원을 배치하여 혹시 있을지 모를 유류 유출에 대비했습니다. 공기를 이용한 기밀시험이 시작된 지 얼마 되지 않아 호스를 연결한 연결부위에서 공기가 샌다는 보고가 있었습니다. 압력을 좀 더 높여서 기밀시험을 지속하자 공기가 새는 곳이 여러 곳에서 발견되었고 마침내는 연결부위가 아닌 호스자체에서도 새는 곳이 발견되고 균열이 발생했습니다. 오후 3시 기밀시험을 통해 유류호스를 통한 유류보급이 불가능한 것으로 결론을 지었습니다. 오후 6시부터 ISO탱크를 이용해 유류보급을 하는 것으로 계획을 변경하고

장보고기지 앞에서 하역 중인 아라온 호

인원 배치를 조정했습니다. 기지에서 보유하고 있는 ISO탱크는 1대로, 현대가 갖고 있는 2대를 같이 활용키로 했습니다. 하지만 현대가 보유한 탱크는 하부에 파라핀이 있어 급히 청소를 하여 준비를 완료하였습니다. 트레일러에 ISO탱크를 적재하고 그 트레일러를 챌린저에 연결하여 이동하였습니다. ISO탱크에서 기지의 본 유류탱크로 이송하는 것은 펌프를 이용하여 약 15분이 소요되었으나 그 전의 아라온 호에서 ISO탱크로 이송하는 데는 약 1시간이 소요되었습니다. 9일 오후 6시에 시작한 유류하역 작업은 약 25회 작업을 통해 11일 새벽 3시에 완료되었습니다. 유류호스를 이용한 하역을 하지 못해 기지의 유류배관을 점검하지 못한 점이 못내 아쉬웠지만 아무런 사고 없이 성공적으로 하역작업을 완료할 수 있었습니다. 하역작업이 완료되고 오전 9시에 하계대가 하선을 하고, 오후 1시에 2차 월동대가 하선한 후 2시에 아라온 호는 연구항해를 위해 출항했습니다.

하역작업을 수행하면서 1, 2차대의 각 담당자별로 조를 구성하여 공동근무 시간을 늘렸고 인계인수업무도 병행하였습니다. 11일 2차 월동대가 하선한 이후 인수인계업무를 지속하였습니다. 아라온 호가 연구항해를 마치고 돌아오는 시기 등을 고려하여 15일 오후 5시에 인계인수식을 갖기로 하고 주말에도 정상근무를 하며 인계인수에 힘썼습니다. 11월부터 하계대로 기지에 체류하던 이종익 박사를 감독관으로 15일 오후 5시에 본관동 앞 야외에서 인계인수식을 가졌습니다. 연구항해에 나섰던 아라온 호가 16일 기지 인근에 도착하여 해양연구활동을 수행하고 17일에 1차 월동대는 승선할 계획이었습니다. 하지만 16일부터 기지 인근에 강풍이 지속되어 승선이 미루어지다 17일 오후 6시경이 되어 바람이 조금 잦아지는 틈을 이용하여 1차 월동대와 철수할 하계대가 아라온 호에 승선할 수 있었습니다. 아라온 호는 다음날인 18일 오전 9시에 출항해 22일 남위 60도선을 통과했습니다. 해빙이 예상보다 두껍지 않고 기상이 양호하여 당초 일정보다 이른 25일 오전 11시에 리틀턴 항에 도착하였습니다.

8

장보고기지 연구 활동

장보고기지 상공 전리권(고도 100~400km) 관측 레이더의 36m 송신 타워

장보고기지에서 2014년 월동 기간에는 어떤 연구 활동이 있었을까요? 월동 연구원으로 기상, 대기과학 및 우주과학 연구원이 관련 연구를 수행하였습니다. 생물, 해양 분야 연구원은 없었지만 모든 대원들이 힘을 합쳐 월 1~2회 두꺼워져 가는 해빙의 두께를 측정하고, 남극은어 알 채집 활동도 하였습니다. 본격적인 남극 하계 시즌 전에는 이탈리아 측의 요청으로 하계 기간 사용할 해빙 활주로의 얼음 상태에 대한 조사도 아울러 수행하였습니다.

　　장보고기지는 겨울이면 매우 춥고, 극야로 낮에도 어둡고, 바람이 강한 날이 많아 야외 활동에 제약이 많습니다. 야외 활동 시 추운 것은 어쩔 수 없다 하더라도 강한 바람으로 인한 낮은 체감 온도 그리고 날리는 눈에 의해 시정이 나빠지는 환경은 피해야 안전한 활동이 가능합니다. 그래서 일기예보가 중요합니다. 제주도에서 온 기상청 소속의 김성수 기상대원은 한국에서와 마찬가지로 하루에 8회씩 구름, 시정, 해빙상태 등에 대한 목측을 실시하고, 종관기상관측시스템으로부터 들어오는 기온과 바람 등 기상 자료를 수집하고 기록합니다.

대기 · 우주과학 연구실의 모니터들

그리고 수집된 관측 자료와 일기도, 위성영상 등을 종합해서 아침 식사 후 월동대 회의 시간에 당일을 포함한 2~3일의 날씨를 알려줍니다. 대원들은 날씨 예보를 참고하여 야외활동 계획을 세웁니다. 예보에 활용되는 기상관측자료는 오랜 기간 축적이 되면 대기과학 연구의 일환으로 남극 기후변화에 대한 연구 자료로도 쓰이게 됩니다. 기상대원이 업무를 보는 곳은 연구동의 대기 · 우주과학연구실입니다. 이 연구실에는 12개의 모니터가 벽면에 설치되어, 담당 연구원이 외부에서 측정되는 자료를 확인합니다. 2014년에는 설치되지 않은 관측장비가 있어 몇 개의 모니터만 사용하고 있지만, 2015년에는 대부분 사용될 예정입니다.

건물 외부에 설치된 기상관측장비로는 종관기상관측시스템이 10미터 높이의 타워에 설치되어 있습니다. 여기에는 온 · 습도계, 풍향 · 풍속계, 기압계, 시정계 , 적설계 그리고 운고계가 설치되어 실시간으로 장보고기지의 기상상태를 감시하고 있습니다. 이 타워에는 대기과학연구용 장비도 함께 설치되어 있습니다. 두 관측용 장비들로부

장보고기지 종관기상관측시스템(ASOS)과 플럭스시스템(장보고기지 2차 월동대 제공)

터 생산되는 같거나 유사한 성격의 자료는 서로 비교해 장비의 정상 작동 상태를 확인하는 데 사용되며, 또한 이 자료들은 적절한 과정을 거친 후 연구용으로 활용됩니다.

2014년 장보고기지의 첫해 기상은 어떠했을까요? 고위도의 남극 대륙에 위치하고 있어서 세종기지보다는 매우 추웠지만, 바람은 약했습니다. 2014년 기록된 최저 기온은 7월에 나타난 영하 35.8도였습니다. 4월부터 8월까지 그달의 최저 기온은 모두 영하 30도 이하였습니다. 물론 우리나라도 강원도의 경우 영하 30도로 내려가는 경우가 있긴 합니다. 하지만 장보고기지의 기온은 잠시 동안만 낮은 것이 아니라 저온이 지속적으로 유지가 된다는 점에서 큰 차이가 납니다. 6월부터 8월의 3개월은 평균 기온이 영하 20도였습니다. 하루 이틀도 아니고 거의 100일에 가까운 기간 동안 영하 20도라는 기온은 우리나라에서는 상상조차 힘듭니다. 그리고 바람이 부는 날이면 체감온도는 더 떨어지는데 거의 영하 50도까지 떨어지기도 합니다. 아래 그림은 2014년 7월 1일부터 7월 10일까지 서울과 장보고기지에서의 일평균 기온의 변동입니다. 서울이 영상 25도로 더웠던 기간에 장보고기지는 하루 종일 영하 30도를 기록 중이어서 기온 차이가 55도 이상 납니다. 하지만 추운 날씨에도, 5월에서 8월의 월 최고 기온은 영하 12도에서 영하 5도로 일시적으로 포근한(?) 기간도 있었습니다. 태양이 없는 극야나 밤에는 일반적으로 어느 높이까지는 지면에서 고도가 높아질수록 대기 중 온도가 올라갑니다. 그래서 강한 바람이 불면 지면과의 마찰이 크게 발생하고 이 마찰로 생긴 난류가 수직 방향으로 대기를 섞게 됩니다. 그러면 상대적으로 따뜻한 공기가 아래로 내려와 기온이 올라갑니다.

　장보고기지는 세종기지 등 다른 남극지역과는 달리 바람이 약한 편입니다. 장보고기지가 위치한 곳은 빙하를 타고 내륙에서 해안으로 불어 내려오는 활강풍을 직접 만나지 않는 지형적인 특징과 함께, 남극대륙 상공의 고기압의 영향으로 바람이 불지 않고, 맑은 날이 많았습니다. 하지만 기지 주위로 저기압이 다가오게 되면 강한 바람이 불기도 합니다. 경우에 따라 우리나라에서 태풍이 올 때와 비슷하여 풍속이 초속 35미터 이상 부는 경우도 있는데 이때는 건물이 진동하는 것이 느껴집니다. 2014년 공식적으로 기록된 가장 강한 바람은 초속 36.7미터였습니다. 하지만 이때 풍향풍속계가 강한 바람으로 정상

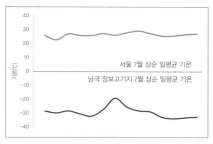

2014년 7월 상순 서울과 장보고기지 일평균
기온의 변동

우주기상관측동에 설치된
페브리-페로 간섭계와 천정돔

측정 위치를 벗어났습니다. 다른 풍향풍속계를 참조해보면 더 강한
바람이 불었던 것으로 보입니다. 강한 바람은 바닥에 쌓인 눈을 날리
게 하여 구름 한 점 없는 맑은 날이라도 수십 미터 앞을 분간할 수 없
게 만들어 야외에서의 활동 시 매우 위험하게 됩니다. 장보고기지에
눈은 자주 오지 않으며, 오더라도 그 양이 적습니다. 그리고 설령 눈
이 오더라도 그 눈은 건조한 눈입니다. 그래서 내린 눈들은 바람이 불
면 쉽게 날립니다.

맑은 날이 많지만 장보고기지에서 구름도 자주 봅니다. 자주 나타
나는 구름은 2~6킬로미터 높이에 나타나는 중층운인 고적운과 고층
운 그리고 그보다 높은 곳에 나타나는 상층운인 권운 계열이 많습니
다. 다른 곳에서 보기 힘든 구름도 드물지만 나타났습니다. 렌즈구름
은 비교적 자주 나타났으며, 극야 전후에는 채운이, 극야 기간 및 후
에는 진주운, 야광운이 나타나기도 하였습니다. 또한 무리해도 가끔
씩 나타났으며, 보기 드문 천정호도 두 차례나 나타나 대원들은 잠시
그 모습에 빠져들기도 하였습니다.

월동 기간 핵심 연구의 한 분야는 우주과학연구입니다. 장보고과학기지는 지구 자기장이 수렴하는 자남극에서 약 1400킬로미터 떨어진 지자기 고위도 지역에 위치해 있습니다. 그래서 우주에서 지구로 진입하는 다양한 형태의 에너지와 물질이 지구의 대기 운동과 기후에 미치는 영향을 연구하기에 매우 좋습니다. 어두운 맑은 날이면 얼어붙은 바다와 육지 위로 펼쳐진 오로라 관측이 가능합니다. 일부 우주과학 연구장비는 빛이 없는 조건에서 운영되어야 하는데 극야가 약 100일에 걸쳐 지속되고 맑은 날이 많은 장보고기지는 연구에 최적의 조건을 갖추고 있습니다. 2014년에 설치되어 운영된 페브리-페로 간섭계^{FPI}는 지상에서부터 고도가 60~200킬로미터인 중간권과 열권의 특정 대기 성분에서 방출되는 미약한 대기광을 관측하여 그 지역의 3차원 바람의 움직임과 온도를 측정합니다. 우주과학 연구에 활용되는 이런 종류의 광학장비는 미세한 빛도 허용하지 않는 극야기간이나 밤 시간에만 가동되어야 하기 때문에 관측동 주변의 가로등은 꺼둡니다. 관측동은 본관동의 북쪽에 위치하기 때문에 일상적인 활동 범위에 포함되지 않아 조명을 꺼 두어도 되는 곳입니다. 극지역 열권의 바람은 고위도 지역뿐만 아니라 중-저위도 중성대기의 운동과 전리권의 전자밀도 분포를 결정하는 중요한 역할을 하기 때문에 지속적인 관측과 태양을 비롯한 우주환경 변화도 아울러 감시해야 합니다.

한편, 2차 월동대 기간인 2015년에 설치된 전리권 레이더는 남극의 낮은 전파 잡음과 최적의 성능을 낼 수 있는 안테나 구조를 활용하

네 개의 30미터 높이의 전리권 관측 레이더 송신 타워

여 전리권(고도 60~500킬로미터)의 전자밀도와 플라즈마(이온화된 기체) 속도를 측정하여 태양활동 변화와 전리권의 물리적 특성 간의 관계를 연구할 수 있습니다. 극지역의 전리권은 짧은 시간 동안 매우 격렬한 변화를 보이기 때문에 넓은 범위의 주파수 영역을 빠르게 스캔해야 관측 자료를 얻을 수 있습니다. 장보고기지에 설치된 전리권 레이더 는 기존의 다른 장비보다 약 2배 이상 빠른 주파수 스캔 성능과 매우 낮은 전파 잡음을 가지고 있어 독자적인 전리권 연구 영역을 개척할 수 있으리라 기대하고 있습니다. 차후 장보고기지에서는 우주선 cosmic ray 관측을 위한 중성자 모니터, 오로라 관측용 전천 카메라를 설치, 운영하여 보다 포괄적인 우주과학 관측연구를 진행함으로써 남 극에 위치한 우주환경 감시센터로서의 역할을 수행하게 됩니다.

해빙 두께, 해빙 활주로 그리고 남극은어 알

남극과 북극의 얼음에는 여러 종류가 있습니다. 낮은 기온으로 바다가 언 해빙海氷 그리고 육상에 두껍고 넓게 퍼져있는 빙상, 흐르는 얼음인 빙하, 이 빙하가 바다에 떠 있는 빙붕 그리고 혀처럼 길게 뻗어있는 빙설, 빙붕과 빙설로부터 바다로 떨어져 나가 바다에 떠다니는 빙산 등 여러 종류가 있습니다. 해빙에는 염분이 포함되어 있지만 '빙氷'이 앞에 붙어 있는 얼음들은 모두 염분이 없는 담수입니다. 해빙은 우리에게 익숙한 데 그것은 최근 지구 온난화와 관련하여 여름철 북극 해빙 면적이 매년 줄어들고 있다는 언론의 보도가 많아진 까닭입니다. 해빙은 극지 기후와 관련하여 매우 중요하며, 해빙의 변화는 기후뿐만 아니라 해빙을 매개로 생존하는 극지생물에게도 큰 영향을 끼칩니다.

북극과 남극의 해빙 면적은 가을에 바다가 얼기 시작 전 그 면적이 최소가 되고, 겨울을 지난 후 녹기 전에 그 크기가 최대가 됩니다. 해빙의 크기가 커지거나 작아지는 것은 바닷물이 얼고 녹는 것이기 때문에 해수면 높이에는 영향을 미치지 않습니다. 반면에 육지를 기반으로 하는 얼음이 바다로 흘러들어가 녹으면 해수면이 높아지게 됩니다. 북극의 여름철 해빙은 점점 그 크기가 줄어들고 있는데 남극의 해빙은 어떨까요? 현재까지의 연구결과에 의하면 아직 남극의 해빙은 줄어들지 않고 오히려 조금씩 증가하는 추세를 보인다고 합니다. 지역에 따라 다르긴 하지만 3월이면 남극 주변의 바다는 남극대륙 주변부터 얼기 시작합니다. 바다는 수온이 영하 1.8도 이하가 되면 얼기 시작합니다. 해빙의 면적이 확대됨에 따라 해빙의 두께도 두꺼워집니다. 9~10월이 되면 해빙의 면적이 가장 넓은데 그 크기는 대략 남극 대륙만큼입니다. 성질이 다르지만 남극대륙 위의 얼음과 합하면 얼음의 면적이 두 배가 되는 것이죠. 그런 후 점차 해빙은 녹기 시작해서 2월이 되면 그 면적이 최소가 되는데 최대일 때 면적의 1/10이 채 되지 않습니다. 세종기지가 위치한 남극반도의 끝단은 1년 중 바다가 어는 시기가 2~3개월 이내로 짧습니다. 반면에 기온이 낮은 장보고 기지에서는 여름 1~2달을 제외하면 바다가 얼어있는 것을 항상 볼 수 있습니다.

남극의 해빙은 북극의 해빙보다 두께가 얇습니다. 그 이유는 해빙은 나이가 많아질수록 두꺼워지는데 남극의 해빙은 대체로 생성된 지 1년이 지나면 녹아 없어지는 1년생 해빙이 대부분이기 때문입니다. 반면에 북극의 얼음도 1년생 해빙이 있지만 1년 이상을 견디는 다년생 해빙도 있습니다. 오래된 해빙은 서로 부딪치기도 해서 두꺼워집니다. 남극 해빙 두께는 1~2미터인데 반해, 북극 해빙의 두께는 2~3미터이며, 4~5미터로 매우 두꺼운 해빙도 존재합니다. 그리고 오래된 해빙일수록 소금기가 더 많이 빠져나가 담수 상태에 가까워집니다. 그래서 과거 북극 탐험가들은 이 다년생 얼음을 식수로 사용되었다고 합니다.

장보고기지 주변의 해빙 두께는 얼마나 될까요? 장보고기지에서는 해빙이 어느 정도 두꺼워서 걸어 다녀도 충분하다고 생각한 4월부터 기지 주변의 해빙 두께를 한 달에 한두 번 측정했습니다. 처음에는 기지 가까운 곳을 걸어서 이동했습니다. 해빙을 뚫는 도구는 썰매에 싣고 대원들이 끌면서 목적지까지 이동해서 해빙을 뚫고 두께를 잰 다음 깃발을 꽂아 다음에도 측정할 수 있도록 표시해 두었습니다. 4월 중순 기지 바로 앞에서 측정된 해빙의 두께는 약 0.7미터였습니다. 이 두께는 점차 증가하여 7월 말에는 약 1.9미터로 두꺼워졌습니다. 7월부터는 스노모빌, 8월에는 트랙을 장착한 4륜구동 자동차, 9월에는 약 10톤 무게의 설상차를 이용하여 활동 반경을 넓혔습니다. 시속 18킬로미터 속도의 설상차를 이용하여 가장 먼 곳까지 이동한 거리는 이탈리아 기지 방향으로 편도 10킬로미터였습니다. 10월 중순에는 육지에 가까운 해빙은 2.2~2.5미터, 바깥쪽도 2.1미터 내외로 두꺼웠습니다. 단순히 산술적으로 계산하면 4월부터 10월까지 6개월 동안 대략 하루에 0.9센티미터씩 두꺼워진 셈입니다. 얼음의 두께가 1미터가 안 되었던 4월 하순 기지에서는 매우 강한 바람이 5일에 걸쳐 불어 기지로부터 그리 멀지 않은 곳의 해빙이 깨졌습니다. 얼음 두께가 1미터면 무거운 트럭도 지나갈 수 있을 만큼 단단합니다. 하지만 강한 바람이 얼음과 얼음 사이의 크랙에 영향을 주어 얼음이 깨져 나간 듯합니다. 한겨울에도 해빙의 곳곳에 크랙이 길게 나 있습니다. 이때는 매우 추워 비록 크랙이 있더라도 매우 단단합니다. 하지만 4월 하순에는 이 크랙들이 미처 단단히 얼기 전이었고, 그래서 강한 바람에 깨진 것입니다. 하지만 깨져 바다가 드러난 곳은 낮은 기온에 곧 얼어붙었고 그 이후부터는 더 강한 바람이 분 적도 있지만 얼음이 깨진 적은 없었습니다. 극야 후 8월에 아주 먼 바다에서 해빙이 깨진 것이 관찰되었고, 9월에는 기지 가까운 곳에도 해빙이 갈라져 그 틈으로 해표가 밖으로 나왔습니다. 해표의 몸 크기에 비해 해빙 갈라진 틈이 좁아서인지 해표의 몸에 이런저런 상처가 보이기도 했습니다. 그런데 이 해표들은 한겨울에 어디에 있었을까요?

하계 시즌 해빙활주로 운영을 위해 장보고기지 월동대는 이탈리아 선발대가 들어오기 전에 해빙의 상태(요철 및 틈의 위치), 적설량 및 분포, 그리고 해빙 두께를 측정하여 사전에 알려주었습니다. 10월 중순 측정한 해빙의 두께는 약 2.1미터였습니다. 이 두꺼운 얼음 위로 70톤에 달하는 바퀴가 달린 무거운 비행기가 이 해빙활주로에 내리게 됩니다. 이 해빙활주로는 미국 맥머도기지로 향하는 미국과 뉴질랜드 비행기의 비상활주로로도 사용이 됩니다. 해빙이 활주로로 사용되는 시기는 10~11월뿐입니다. 경우에 따라 가벼운 비행기의 이착륙을 위해 12월 상순에도 이용됩니다. 그 이후에는 기온이 상승함에 따라 해빙이 녹기도 하고, 조류와 바람에 의해 깨져 나가기 때문에 활주로로 사용할 수 없습니다. 최근 이탈리아에서는 하계기간 내내 이용할 수 있는 육상활주로를 만드는 일을 준비하고 있다고 합니다. 우리의 주된 출입 수단은 쇄빙연구선 아라온입니다. 물론 더 일찍 들어오려는 팀들은 이 해빙활주로를 이용하기도 합니다. 하지만 이탈리아 측에서 육상활주로를 만들면 장보고기지 방문자들도 더 자유로운 출입이 가능하겠죠. 참고로, 보통 얼음의 두께가 0.1미터가 되면 사람이 낚시를 할 수 있고, 0.2미터가 넘으면 스노모빌 운행이 가능하며,

극야 중의 은어 알 채집 장면. 해빙을 뚫고 채수한
바닷물을 통에 붓고 있는 장면

해수를 걸러낸 후 남은 은어 알의 모습

0.4미터가 넘으면 중형 트럭 또는 경비행기 운행을 안전하게 할 수 있으며, 해빙 두께가 적어도 1.57미터 이상이면 대형항공기 운항도 가능합니다.

해빙 두께 측정 시 남극은어 알 채집을 위한 작업도 수행하였습니다. 테라노바 만 남극은어의 생태는 이탈리아 연구진이 많이 연구했습니다. 그러나 이탈리아 기지는 하계기지이기 때문에 동계기간 연구는 없었습니다. 장보고기지에서 월동이 시작되자 이탈리아 연구진에서 남극은어 알 채집 협조를 요청해왔습니다. 6월부터 기지 주변에서 채집 활동을 했지만 은어 알을 발견하지 못했습니다. 게다가 이탈리아 측에서 제공한 오거(얼음에 구멍을 뚫는 장비)의 한 부분을 바다에 빠뜨려 잃어버리기까지 하였습니다. 그 뒤 아이스 코어러를 이용하여 얼음을 뚫고 수차례 더 시도하였지만 은어 알을 발견할 수 없었습니다. 아직 산란기가 아닌지 아니면 위치가 좋지 않은 것인지 고민되는 차에 과거 이탈리아 연구진이 은어 알을 채집한 주변까지 가서 채집하기로 결정하였습니다. 그곳은 해빙활주로 주변이기도 해서 검사겸

사 작업을 하였습니다. 드디어 약 3달 뒤인 9월 18일 은어 알을 채집했습니다. 맑은 구슬처럼 보이는 은어 알의 발견으로 한 겨울 언 바다 밑에는 여전히 생명 활동이 진행되고 있음을 실감하였습니다. 이후 은어 알 채집을 더 시도하였고 총 7차례 발견했습니다. 그중에 두 번은 은어 알이 단 한 개만 나오기도 했습니다. 시기별 알의 발달 상태가 중요하기 때문에 한 개의 알이라도 시료 처리해서 잘 보관하였습니다. 10월 16일에 채집된 은어 알은 이전과는 다르게 배아 발생이 진행되어 알 속에 가는 검은 색 실 같은 것이 나타났습니다. 자연의 신비로움이 느껴지는 순간이었습니다. 채집된 은어 알은 나중에 이탈리아 기지에 전달했습니다.

빙하, 빙저호 연구 그리고 내륙탐사의
전진기지 장보고기지

여름철 최고 기온이 항상 영하인 남극 내륙에서는 내린 눈이 계속 쌓여 표면으로부터 약 70미터 깊이부터는 뒤에 내린 눈의 무게에 눌려 앞서 쌓인 눈은 얼음이 됩니다. 이때 눈 입자 사이의 틈에 있던 공기가 얼음 속에 공기방울 형태로 보존됩니다. 극지의 만년빙은 지구상에서 유일하게 과거의 대기(가장 오래된 대기의 나이는 약 80만년)를 간직하고 있는 시료로, 과거의 이산화탄소와 메탄 등의 온실가스 농도 변화와 같은 대기환경변화와 온도와 강수량 같은 기후변화 기록을 복

2011/12년 남극 스틱스(Styx)에서의 극지연구소
연구원의 빙하시추 모습

남극 스틱스에서 시추한 천부빙하코어

원할 수 있어 과거 환경의 '냉동타임캡슐'이라 불립니다. 빙하 시추기
를 통해 빙하로부터 획득된 지름 10센티미터의 원기둥 모양의 빙하
코어를 분석하면 과거의 기후와 동시대의 대기성분을 동시에 연구할
수 있습니다. 대기성분을 알면 당시 이산화탄소 농도, 풍속, 해빙면적
등을 추정할 수 있습니다.

　빙하 시추는 그 깊이에 따라 천부빙하시추(0~250m, Shallow Ice
Drilling), 중부빙하시추(250~1,000m Intermediate Ice Drilling), 심부빙
하시추(1,000m 이상, Deep Ice Drilling)로 나뉩니다. 빙하 깊이에 비해
빙하 코어 시추기의 길이는 매우 짧아서 심부빙하시추기라도 그 길이
는 13~14미터정도입니다. 그래서 빙하 시추를 여러 번 반복하여 원
하는 깊이까지의 빙하 코어를 얻게 됩니다. 200미터의 천부빙하를
시추하는데 일주일 정도 소요되며 인원은 약 3~4명이 투입됩니다.
기간이 짧아 캠프는 최소한의 필수 장비로만 유지되며 투입과 철수가
비교적 간단합니다. 중부빙하시추는 남극의 여름(11월~2월) 중 한 시
즌(약 80여 일) 또는 두 시즌에 걸쳐 이루어집니다. 투입 인력은 8~10

여명이며, 시추 캠프 설치에 10일, 빙하시추에 약 65일, 캠프 철수에 5일 정도 걸립니다.

빙하시추의 꽃, 심부빙하시추

빙하시추의 깊이에 따라 천부, 중부, 심부빙하 시추로 구분되고 빙하시추의 꽃이라고 할 수 있는 심부빙하시추는 고도의 빙하시추 기술뿐만이 아닌 숙련된 로지스틱 경험과 기술이 요구됩니다. 심부빙하시추는 한 번에 약 3.5미터 길이의 빙하코어를 회수하게 됩니다. 심부빙하시추는 많은 시간이 소요되어 천부와 중부빙하시추와 같이 상대적으로 간단한 캠프만으로는 시추가 어려우며 기지에 준하는 지원과 보급이 이루어져야 합니다. 그래서 이탈리아–프랑스의 돔씨^{Dome-C}, 러시아의 보스톡^{Vostok}, 중국의 돔에이^{Dome-A} 기지 등 대부분의 남극 내륙기지는 심부빙하시추를 위해 지어진 내륙기지입니다. 매년 적게는 수십억 원, 많게는 수백억 원이 투입되어야 하는 큰 프로젝트이기에 한 국가가 단독으로 진행하기보다는 다른 나라와의 협력을 통하여 이루어집니다.

그러면 우리의 빙하시추 기술은 어느 정도 수준일까요? 극지연구소는 국제공동연구에 참여하다 독자적인 연구를 위해 2006년 이후부터 천부빙하시추기 개발을 거쳐 중부빙하시추기 제작을 완료한 상태입니다. 장보고기지 건설을 계기로 기지 주변 빙하연구가 활발해지고 있습니다. 2014/15년 여름에는 장보고기지로부터 80킬로미터 북서쪽에 위치한 스틱스 빙하에서 이십여 일 동안 210미터 깊이의 천부빙하를 시추하였고, 60킬로미터 북서쪽에 위치한 이탈리아의 로라 자동기상관측시스템^{AWS, Automatic Weather System}이 설치된 인근 빙하에서는 빙하시추 적합성 평가를 위한 사전 조사가 수행되었습니다. 이 연구의 목적은 지구 기후변화에 인간 활동이 큰 영향을 미쳤을 것으로 보이는 지난 200년간 기후와 환경 즉, 기온, 온실가스 농도 그리고 테라노바 만을 포함한 로스 해의 해빙 면적이 어떻게 변했는가를 복원하는 것입니다. 빙하연구원들은 뉴질랜드에서 테라노바 만 해빙활주로까지 비행기로 이동 후 장보고기지에서 일시 체류합니다. 체류 기간 동안 조사 장비 점검, 기지와의 통신 채널 확보 등 연구와 안전에 필요한 여러 요소를 점검한 후 연구지인 빙하까지는 헬리콥터로 이동하였습니다. 대륙에 위치한 장보고과학기지가 운영됨에 따라 보다 체계적인 지원 등을 통해 빙하연구는 더 넓은 지역에서 더 다양한 연구를 할 것으로 기대됩니다.

빙하코어 시추에서 빙저호 속으로

기후변화 연구를 위해 빙하를 시추하여 빙하코어를 얻지만, 빙하 아래에 있는 빙저호 연구를 위해서도 시추를 합니다. 빙하 코어를 얻기 위한 빙하시추와는 다르게 빙저호 연구는 빙저호의 물과 그 속에 존재하는 생물 시료를 얻는 것이 목적이기 때문에 빙하시추 방법과 다릅니다. 보스톡 빙저호를 포함해 남극대륙에서 발견된 빙저호의 수는 약 380개입니다. 빙저호 연구를 위한 시추는 열수시추^{Hot water drilling} 방식을 사용하는데 매우 뜨거운 고압의 물을 이용하여 빙하에 구멍을 만들어 목표지점의 빙저호 샘플을 채취합니다. 심부빙하시추는 코어를 회수하기 위해 수많은 비용과 인력이 투입되는 데 반해 열수시추는 장비가 문제가 없고 날씨만 좋다면 수일 내에 시추가 가능합니다. 장보고기지 완공 후 1년이 지나면서 기지 주변에 빙저호를 찾는 활동이 활발히 진행 중입니다. 그 이외에도 기지를 기반으로 내륙에서 운석탐사, 지질조사, 미생물 연구도 진행 중에 있습니다. 장보고기지는 이들 연구를 위한 지원 등 연구 수행에 필수적인 역할을 수행합니다. 또한 힘든 환경에서 연구하는 연구원들의 편안한 안식처가 되기도 합니다. 가까운 미래 장보고기지를 중심으로 한 내륙 연구에서 훌륭한 연구성과가 나오길 기대해 봅니다.

9

더 알고 싶은 남극

2014년 11월 초 자정 전후 해가 지지 않는 장보고기지

얼음과 눈으로 덮인 남극. 왜 지금과 같은 모습을 하고 있나?

남극의 특징과 고유 연구

지구상에서 가장 춥고, 건조하며 바람이 강한 것으로 알려진 남극이 그러한 독특한 환경을 갖는 이유는 무엇이며, 정반대편의 북극과 다른 이유는 무엇일까요? 남극과 북극은 양쪽 모두 남위 90도와 북위 90도 그러니까 남극점과 북극점을 중심에 두고 있습니다. 남극점과 북극점은 겨울에는 태양이 뜨지 않으며, 여름에는 하루 종일 지평선 위에 있지만 평균적으로 태양에서 받는 에너지가 지구상의 다른 지역보다 적은 것이 1차적으로 추운 이유입니다. 남극과 북극에서 적도로 갈수록 태양에서 더 많은 에너지가 입사하고 흡수되어 기온이 높은데 평균적으로 양 반구의 위도 40도보다 저위도에서는 에너지를 얻고, 고위도 지역에서는 에너지를 잃습니다. 결과적으로 위도에 따라 기온

남극대륙

이 달라지는데 이 기온의 차이는 대기와 바다에 의해 더운 지역에서 추운 지역으로 열이 이동하면서 완화되어 남극과 북극은 덜 춥고, 적도는 덜 덥게 됩니다. 그래서 지역 평균 기온은 현재와 같은 분포를 보이고 있습니다.

그러면 지리적으로 남극이 북극과 다른 점은 무엇일까요? 북극은 북극점이 바다에 위치하며, 아시아, 유럽, 북아메리카 대륙이 바다를 둘러싸고 있습니다. 반면에 남극은 대륙이며, 주변을 남빙양이 둘러싸고 있습니다. 남극대륙의 면적은 지구 육상의 약 10분의 1을 차지하고 있는데, 대륙 크기로 보면 지구상에서 5번째로 큰 대륙(아시아, 아프리카, 북아메리카, 남아메리카 다음의 크기)이 현재의 위치 즉, 남위 90도(남극점)를 중심으로 자리하고 있습니다. 그 넓은 면적에 존재하는 얼음(빙상, 빙하, 빙모로 이루어짐. 연중 존재하는 이 얼음을 뒤에서는 "빙하"와 교대로 사용됨)의 양은 지구상에 존재하는 얼음의 약 90퍼센트 그리고 담수의 약 70퍼센트에 해당합니다. 간빙기(추운 빙기와 빙기 사이의 따뜻한 시기)인 현재 호주대륙을 제외한 지구상의 모든 대륙에는 빙하가 있습니다. 그러면 북극점은 꽤 추워서 바다가 항시 얼어있는데 왜 북극점과 그 주변에는 빙하가 없을까요? 북극점의 겨울 평균 온도는 영하 40도입니다. 역시 겨울에는 춥습니다. 하지만 생각보다 춥지 않네요. 반면에, 여름철 평균 기온은 0도까지 오르며, 5도까지도 오른 경우도 있다고 합니다. 생각보다 따뜻합니다. 그 이유는 북극점이 위치한 바다 얼음의 밑으로 많은 열을 가지고 있는 바다가 있기 때문입니다. 북극의 바닷물이 차긴 합니다. 그러나 얼음보다는 따뜻합니다. 그래서 북극지역에서 겨울에 가장 낮은 기온은 북극점이 아닌 시베리아에서 기록됩니다. 빙하가 생기려면 내린 눈이 녹지 않고 쌓여야 하는데 여름의 높은 온도로 쌓인 눈은 녹아 대기나 주변 바다로 돌아가게 되는 것이죠. 빙기도 이와 유사합니다. 빙기가 유지되기 위해서는 추운 겨울이 아닌 서늘한 여름이 중요합니다. 얼음이 녹지 않아야 하니까요. 참고로, 남극점(이곳에는 미국에서 운영하는 아문젠-스콧기지가 있습니다)에서 겨울 평균 기온은 영하 60도, 여름은 영하 28도입니다. 여름도 꽤 추운 날씨입니다. 북극의 그린란드는 북극점보다는 위도가 낮지만 주변에 한류가 감싸는 육지(물론 섬이지만)이기 때문에 아직도 빙하가 넓게 자리 잡을 수 있는 것입니다. 그린란드의 빙하도 일부 지역에서는 녹고 있으며, 만약 모두 녹으면 해수면이 약 7미터 상승한다고 하니 그 양도 어마어마합니다.

앞에서 지구의 기온이 일정하게 유지되는 이유는 열이 많고 적은 지역 간에 대기와 바다에 의한 열의 교환이 있기 때문이라고 했습니다. 이때 교환되는 것은 열뿐만 아니라 수증기도 포함됩니다. 빙하가 생기는 과정에 대해 잠시 살펴볼까요? 빙하는 지상에 내린 눈이 얼음으로 변해 경사를 타고 흐르는 것을 말합니다. 우선 눈이 내려야 합니다. 우리나라도 지역에 따라 눈이 많이 오는 지역이 있습니다. 하지만 따뜻한 봄이 되면 모두 녹습니다. 그래서 빙하가 생기려면 녹지 않아

러시아를 통해 여름에 북극점을 찾은 관광객들
(출처: 소치 올림픽 홈페이지)

남극점에 있는 미국 아문젠-스콧기지
(출처: http://www.nsf.gov/)

야 합니다. 그래서 따뜻한 계절에도 녹지 않도록 추워야 합니다. 바다
보다 육지가, 지상보다 고산이 유리합니다. 여름에 눈이 녹지 않고,
또 기온이 낮아 비가 아닌 눈이 온다면 비록 그 양이 적더라도(남극의
내륙 지역은 사하라 사막보다도 강수량이 적습니다) 수천 년 동안 그 과정이
반복되면 눈은 점점 더 쌓이게 되고, 앞서 내린 눈은 뒤에 쌓인 눈의
무게로 얼음으로 변합니다. 얼음으로 변할 때 그 눈 속에 있는 공기는
얼음에 갇히게 됩니다. 시간이 지나면서 점점 얼음이 성장하면 중력
에 의해 경사를 타고 낮은 곳으로 이동하게 되는데 이것이 빙하입니
다. 남극에는 돔이라는 지형이 있습니다. 돔에서는 얼음이 매우 느린
속도로 움직입니다. 돔 주변의 경사가 있는 곳에서는 얼음의 이동 속
도가 빨라집니다. 평평한 곳에 구슬을 두면 가만히 있겠지만 경사진
곳에 구슬을 두면 빨리 굴러가고, 구를수록 더 속도가 빨라지겠죠. 여
기서 두 가지 중요한 사실을 얘기했습니다. 하나는 남극대륙에 눈이
계속 쌓인다는 것이고, 눈이 얼음으로 변할 때 주변에 있는 공기가 얼
음에 갇힌다는 사실이 그것입니다.

남극에 쌓이는 눈은 어디에서 왔을까요? 그 눈은 바다로부터 왔습니다. 바다에서 증발한 수증기가 공기를 타고 남극까지 와서 눈으로 떨어진 것입니다. 그래서 남극에 얼음이 많아질수록 바다의 수면이 낮아지는 것입니다. 지구 온난화로 해수면이 높아져 해안지역에 있는 도시와 마을이 잠길 것이라 합니다. 그 이유는 남극 그리고 그린란드의 얼음이 과거보다 더 많이 바다로 흘러 들어가기 때문입니다. 양 극지에 저장되어 있던 얼음이 과거보다 더 많이 바다로 흘러 들어가면 바닷물의 수면이 더 빨리 높아집니다. 그러면 남극대륙이 세계에서 다섯 번째로 큰 대륙이고, 그 넓은 면적의 대부분을 얼음이 덮고 있다면 그 얼음의 양은 얼마나 될까요? 더구나 평균 얼음의 두께가 2,160미터라면 상상이 될까요?

　우리 생활과 관련하여 크게 걱정되는 일은 남극의 얼음이 모두 녹는 것입니다. 물론 이 일은 당장에는 일어나지는 않지만 남극의 얼음이 모두 녹는다면 지금의 바닷물의 높이가 60미터나 올라갑니다. 전 세계적으로 사람들은 해안 주변에 많이 거주하며, 많은 대도시들도 해안에 위치해 있습니다. 바닷물이 60미터 올라간다면 20층 이내의 건물은 모두 물에 잠기게 됩니다. 실로 어마어마한 물의 양이 아닐 수 없습니다. 물론 이런 일은 아주 시간이 오래 걸려 일어나거나 일어나지 않을 수도 있습니다. 하지만 남극의 모든 얼음이 녹는 것은 힘들지만 현재 일부 지역에서는 상당한 얼음이 현재 녹고 있고, 과거에도 그랬습니다. 과학자들이 주목하는 지역은 남극반도와 서남극 지역입니다. 이곳에서의 얼음이 모두 녹는다면 해수면의 높이는 약 6미터가 올라갑니다. 10분의 1로 줄었지만 이 또한 어마어마한 물의 양입니다. 앞에서 남극이 대륙이라고 했지만 남극을 덮고 있는 얼음을 드러내보면 남극반도와 서남극 지역은 대부분이 바다인 반면 동남극 지역은 육지가 더 많습니다. 그래서 남극반도와 서남극의 얼음은 불안정하여, 많이 녹을 가능성은 충분합니다. 반면에 동남극의 얼음은 그럴 가능성이 낮습니다. 하지만, 바닷물과 기온이 높아 남극의 얼음이 더 많이 바다로 흘러들어가 녹을 수 있지만 바다로부터 물이 더 많이 증발되어 대기 중에 더 많은 수증기로 포함되면 더 많은 눈이 남극에 내릴 수도 있습니다. 그래서 과학자들은 양쪽의 과정을 살펴보면서 이 균형이 어떻게 변하는가에 크게 주목하고 있습니다. 최근 연구 결과에 의하면 남극에 강수에 의해 얼음이 증가하는 양보다 얼음이 바다로 흘러들어가서 감소하는 양이 더 많다고 합니다.

얼음과 관련된 또 하나의 중요한 사실이 눈이 얼음으로 변할 때 주변의 공기가 얼음에 갇힌다고 하였습니다. 이 공기는 눈이 내린 시기의 공기이고, 얼음이 오래된 것일수록 그만큼 그 공기도 오래된 것입니다. 이러한 사실로부터 얼음 속 공기의 내용물을 분석하면 과거 지구의 기온, 그 당시의 온실기체의 농도 등이 어땠는가를 알 수 있습니다. 또한 그 당시 바람이 강했는지 또 남극 주변 해빙이 많았는지 또는 적었는지를 알 수 있습니다. 그래서 과거 기후의 변동을 연구하기 위해 많은 과학자들이 남극으로 달려가서 얼음 즉, 빙하코어를 채취하는 이유가 여기에 있습니다. 남극에서 채취된 빙하코어로부터 과거 얼마까지의 기후를 알 수 있을까요? 현재까지 남극의 얼음 분석을 통해 밝혀진 가장 오래전의 기후는 약 80만 년 전까지입니다. 남극장보고기지와 같은 위도의 내륙에 위치한 돔^{Dome} C라는 곳에서 얻어진 빙하코어 분석을 통해 이루어졌습니다. 돔 C의 고도는 약 3,233미터입니다. 이곳에는 이탈리아와 프랑스가 공동으로 운영하는 콩코르디아 기지가 있습니다. 2009년 1월 중국은 남극에서 가장 높은 지역인 돔 A에 자국의 제 3기지인 쿤룬기지를 건설하였습니다. 돔 A는 고도가 약 4,090미터입니다. 그래서 중국의 과학자들은 이곳의 빙하를 시추하여 백 만년 이상의 과거 기후를 알 수 있을 것으로 기대하고 있습니다. 여기서 A는 Argus의 A인데, Argus Panoptes(또는 Argos)는 그리스 신화에 나오는 눈이 100개인 거인입니다. 눈이 100개면 모든 것을 한 번에 볼 수 있을 겁니다. 남극의 돔 A에 가면 남극의 모든 곳을 다 내려다볼 수 있을 듯합니다. 남극의 빙하코어 이외에도 과거의 기후를 알 수 있는 방법은 많습니다. 해양의 바닥에 쌓인 퇴적물, 나무 나이테, 꽃가루 등에서도 과거의 기후를 알 수 있으며, 빙하코어보다 더 오래된 기후를 알 수도 있습니다. 이들 재료보다 빙하 코어가 더 훌륭한 과거 기후 재료로 활용되는 이유는 계속 얘기되고 있는 것처럼 과거의 공기 자료를 얻을 수 있다는 것입니다. 최근 기후의 변화가 대기 중 이산화탄소 등의 온실기체에 의한 것인지 아니면 자연적인 현상인 지에 대한 논란이 있습니다. 이에 대한 증거 자료로서 과거로부터 현재까지의 기온 변화와 대기 중에 포함된 온실기체의 농도를 같이 분석하면 알 수 있겠지만 기후변화가 온실기체 농도 변화에만 전적으로 의존하는 것은 아닙니다. 이에 대해 보다 자세한 연구들이 진행되고 있습니다.

　얼음으로 뒤덮인 남극대륙이 과학자들에게 제공하는 또 다른 장점은 무엇일까요? 2014년 3월 진주에 떨어진 운석에 전국민적 관심이 쏠린 적이 있습니다. 운석은 우주 공간을 떠돌던 암석이 지구의 중력에 의해 지구 표면에 떨어진 것입니다. 남극 빙하에서는 화성과 목성 사이의 소행성대에서 46억 년 전 지구 탄생의 비밀을 간직한 채 떨어진 운석이 많이 발견됩니다. 운석은 지구상 어느 곳에든 떨어질 수 있는 데 다른 지역보다 남극에서 발견이 쉽습니다. 지구상에서 발견된 운석 중 80퍼센트인 4만여 개가 남극에서 발견되었습니다. 그 이유는 남극대륙의 빙하는 중력에 의해 높은 곳에서 낮은 곳으로 흐르는데 운석이 이런 곳에 떨어지면 빙하와 같이 이동하다가 도중에 높은 지형에 막혀 더이상 이동을 못하게 되어 모이게 됩니다. 그리고 강한 바람에 의해 빙하를 덮고 있는 눈이 침식되어 운석이 드러나 찾기가 쉽습니다. 남극 운석은 2,000미터 이상의 고지대 산맥 옆의 바람이 강하게 부는 곳에서 주로 발견됩니다. 그래서 그런 위치를 사전에 파악하여 운석을 찾으러 갑니다. 그렇다 하더라도 걸어 다니면서 운석을 찾는 일은 결코 쉽지 않습니다. 그러한 곳은 여름에도 매우 추우며 경우에 따라 바람도 강하게 불어 활동에 큰 제약이 따릅니다. 극지연구소에서는 2006년부터 남극대륙에서 운석탐사를 시작하였고, 2007년 1월 티엘 산맥에서 대한민국 제1호 남극운석(TIL06001)을 발견하였습니다. 2014년 기준 총 7차례의 운석탐사를 통해 240개(가장 큰 운석의 무게는 약 5킬로그램)의 운석을 찾았고, 2013년 1월에는 달운석을 발견하여 분석 중에 있습니다.

남극은 해안에서 내륙으로 들어가면서 고도가 더 높아지며 기온은 더 낮아지게 됩니다. 해안은 상대적으로 따뜻한 바다의 영향으로 기온이 높지만, 내륙으로 들어갈수록 바다의 영향은 줄어들고 또한 고도가 높아지기 때문입니다. 기온이 낮으면 대기 중에 포함되는 수증기의 양도 적어 밤하늘의 별이 매우 잘 보입니다. 이것은 수증기가 많은 여름밤보다 겨울밤 하늘이 더 뚜렷하게 보이는 것과 같은 이치입니다. 또한 내륙에는 고기압의 영향이 강하여 풍속이 약하면서 맑은 날이 많습니다. 그래서 광학망원경을 이용한 지상에서의 천체 관측에 매우 큰 이점이 있습니다. 또한 앞에서도 언급된 오로라를 비롯한 고층대기(중간권, 열권, 전리권)와 근지구 우주환경을 연구하기에도 이상적입니다. 장보고기지 하늘에는 맑은 날이면 오로라는 자주 출현합니다. 같은 남극이라도 남극반도의 끝단에 위치한 세종기지는 자남극에서 멀어 오로라를 거의 볼 수 없습니다. 여기서 거의라고 했는데 몇 년 전 세종기지에서도 오로라가 나타났다합니다. 이처럼 남극은 지구의 기후에 매우 중요한 역할을 함과 동시에 과거와 우주에 대한 연구에 매우 훌륭한 조건을 갖추고 있습니다. 따라서 남극에서의 연구는 지구에 사는 우리 모두에게 중요하고도 귀중한 정보를 알려 주기 때문에 각 나라들은 기지를 세우고 연구를 수행하는 것입니다.

장보고기지와 세종기지 기상은 어떻게 다를까?

남극 내 지역에 따른 기후의 특징

남극은 지구상에서 가장 춥고, 바람이 강하며, 건조하기 때문에 다른 대륙의 기후와 많이 다르기도 하지만, 남극 기후의 가장 큰 특징 중의 하나는 단일 요소인 '지상에서 부는 바람'에 의해 기후가 큰 영향을 받는다는 것입니다. 다른 대륙의 경우 지역에 따라 기후 요소(바람, 기온, 강수량 등)의 변화가 크고, 각 요소의 영향 정도에 따라 기후가 다르게 나타나지만, 남극에서는 전 지역이 단일 메커니즘에 의한 바람의 영향하에 있다고 할 수 있습니다. 그러나 남극대륙은 남위 60~90도에 펼쳐져 있는 넓은 대륙이니 만큼 지역에 따른 차이도 분명합니다. 기후의 특징은 크게 남극반도, 남극연안 및 내륙 고원으로 구분할 수 있습니다. 이 세 지역은 바람, 기온, 적설이 뚜렷한 차이를 보입니다.

남극반도는 남극대륙에서 가장 북쪽에 위치합니다. 그래서 다른 지역보다 상대적으로 따뜻하며, 여름에는 영상 10도 이상, 심지어 겨울에도 0도 전후로 기온이 상승하여 비가 내리기도 하며, 연중 해빙이 얼어 있는 기간은 6개월 이내입니다. 남극반도에도 지역에 따른 차이가 있긴 하지만 역시 바람이 많이 부는 지역입니다. 이 지역은 고위도 저압대에 속하여 연중 많은 저기압이 지나가는 길목에 있습니다. 그래서 맑은 날보다 흐린 날이 많고, 강한 바람이 자주 불고 또한 강수량이 많습니다. 지상에 내리는 강수는 바다에서 증발된 수증기가 응결되어 내리는 것이기 때문에 상대적으로 따뜻한 공기에 포함된 수증기를 많이 포함한 저기압의 통과는 바람, 강수, 구름을 동시에 동반하여 이 지역의 기후에 큰 영향을 미치게 됩니다. 그래서 지구상에서 가장 구름이 많은 지역에 속합니다. 세종기지는 이 지역 기후의 영향하에 있습니다.

　남극대륙 연안은 그 위도가 60도 후반에서 70도 후반에 위치합니다. 남극대륙 주변은 기본적으로 남반구 중위도에서 발생한 저기압이 많이 찾아와서 소멸하는 저기압의 무덤으로 알려져 있습니다. 그래서 남극대륙 주변은 기압이 낮습니다. 이 저기압의 방문은 남극대륙 연안의 날씨에 큰 영향을 미칩니다. 하지만 이 연안 지역 날씨에는 남극대륙 내륙으로부터 불어나오는 활강풍도 큰 역할을 합니다. 이 지역은 남극반도와는 다르게 연중 9개월 이상 바다얼음이 넓게 얼어있습니다. 지역에 따라 큰 차이가 나지만 남극반도만큼 강수량이 많지 않습니다. 내륙에 위치한 고기압의 영향으로 남극반도보다 상대적으로 맑은 날이 많고, 위도가 높은 지역에 위치하여 남극반도보다 훨씬 춥습니다. 바람은 저기압과 활강풍 양쪽의 영향을 받으며, 이 두 바람이 서로 합쳐지는 경우 지구상에서 가장 강한 바람을 만들어 내기도 합니다. 장보고기지는 이 지역 기후의 영향하에 있습니다.

　끝으로, 남극내륙의 고원 지역은 남극뿐만 아니라 지구상에서 가장 춥습니다. 이는 내륙의 위도가 태양복사량을 가장 적게 받는 지역이기도 하지만 남극대륙을 덮고 있는 빙상으로 고도가 매우 높기 때문이기도 합니다. 남극대륙 연안에서 내륙으로 이동할 때 경사가 상당히 급해집니다. 그래서 남극내륙은 마치 큰 얼음 성벽에 둘러싸인 듯합니다. 이 얼음 성벽으로 인해 앞에서 얘기한 저기압들이 남극내륙 깊숙이 들어와서 바람을 강하게 하거나 눈을 많이 내리거나 하는 경우는 매우 드뭅니다. 그래서 상대적으로 바람이 약하며, 맑은 날이 많습니다. 남극연안에 부는 활강풍은 이 내륙에서 시작되는데 활강풍은 내륙에서는 그 풍속이 강하지 않습니다. 롤러코스터처럼 처음에는 풍속이 느리다가 경사가 급한 연안에 접근할수록 풍속이 매우 강해집니다.

천구의 운동과 백야 그리고 극야

지구는 둥근 공의 형태로 24시간 동안 1회 자전을 하여 낮과 밤을 만들어 냅니다. 지구는 또한 태양을 기준으로 1년이라는 시간 동안 1회 공전을 합니다. 우리가 사용하는 1일과 1년이라는 시간 개념은 바로 지구의 자전과 공전으로부터 기원하였음을 알 수 있습니다. 위도(적도에서 0도, 남극점은 -90도(또는 남위 90도), 북극점에서 90도(또는 북위 90도))에 따라서 덥고 추운 정도가 다른 이유는 바로 둥근 지구에 들어오는 태양빛과 지표면 사이의 각(태양의 고도)이 위도에 따라 달라지기 때문입니다. 이는 손전등을 벽면에 비추는 간단한 실험을 통해 알 수 있는데, 손전등이 벽면을 정면으로 향할 때는 좁은 영역을 밝게 비추고 손전등을 기울이면 빛을 받는 면적이 넓어지지만 보다 어두워집

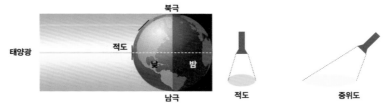

지구의 낮과 밤의 원리. 태양을 향한 면이 낮이고 반대 방향은 밤이다(왼쪽).
위도에 따라 다른 각도로 입사하는 태양빛은 적도지역은 덥게, 극지역은 춥게 만든다.

니다. 즉 같은 면적에 대해 저위도에서 받는 태양빛의 양이 고위도에서 받는 양보다 많습니다.

지구는 적도를 기준으로 북쪽을 북반구, 남쪽을 남반구로 구분하는데, 두 반구 간의 계절은 서로 반대입니다. 예를 들어 1월에 북반구인 대한민국은 추운 한겨울이지만, 남반구에 있는 뉴질랜드는 1년 중 가장 따뜻한 여름철입니다. 같은 지구상에서 왜 이렇게 서로 다른 계절을 경험하는 것일까? 이는 둥근 지구가 기울어진 자전축을 가지고 태양 주위를 공전하기 때문입니다. 지구의 자전축은 지구 공전 궤도면에 대하여 약 66.5도 기울어져 있습니다. 이 현상은 매우 중요합니다. 지구는 북반구에서는 여름보다 겨울에 태양에 더 가까이 있지만 햇빛을 더 많이 받아 여름이 훨씬 덥습니다. 즉, 하지(6월 21-23일 사이)에는 북반구가 태양 방향으로 향하여 태양 고도가 높아 단위 면적당 더 많은 햇빛을 받아 기온이 높은 여름이 됩니다. 반면에 남반구는 태양에 대해 멀어지는 방향으로 기울어져 있어 태양 고도가 낮아 태양빛을 비스듬하게 받게 되어 온도가 낮은 겨울이 됩니다.

6개월 뒤가 되면 지구는 정반대 방향에 위치하게 되며 이때는 북반

지구의 계절 변화. 태양을 향해 기울어진 반구가 여름이 되고,
그 반대 방향으로 기울어진 반구는 겨울이 된다.

구가 태양의 반대 방향으로, 남반구는 태양을 향해 기울어져 계절이
서로 바뀌게 됩니다. 이러한 계절의 변화는 그림에서 보인 바와 같이
위도에 따라 차등적으로 입사하는 태양빛에 의해 적도가 극지역보다
온도가 높은 현상과 같은 원리로 해석할 수 있습니다.

지구의 계절 변화는 낮과 밤의 길이 변화와도 밀접한 관계를 가집
니다. 그림에서와 같이 북반구에서 태양은 동쪽 지평선에서 떠서 정
오에 남쪽 하늘에서 가장 높이 떠 있다가 저녁에 서쪽 지평선으로 집
니다. 태양이 지평선 아래에 있는 시간이 밤이 됩니다. 지표면의 관측
자를 중심으로 하늘의 움직임을 보다 쉽게 기술하기 위해 지평좌표계
Horizontal Coordinate라는 도구를 사용합니다. 지평좌표계는 관측자가
서 있는 지표면과 가상의 반구인 천구를 그려서 천구의 극Celestial
Pole(지구 자전축과 천구가 만나는 지점)을 중심으로 천체의 일주 운동을
표현합니다. 춘분(3월 21~23일 사이)과 추분(9월 21~23일 사이)에는 태
양은 정동 방향의 지평선에서 뜨고 정서 방향의 지평선으로 지는데
이때가 밤과 낮의 길이가 각각 12시간으로 같은 날이 됩니다. 하지
때는 태양은 북동쪽 지평선에서 떠서 북서쪽 지평선으로 지기 때문에
태양이 지평선 위에 떠 있는 시간, 즉 낮의 길이가 1년 중 가장 긴 날

입니다. 우리에게 친근한 북극성은 북쪽 지평선에서 관측자의 위도와 같은 고도에 떠 있어 해와 달, 그리고 수많은 별들의 움직임의 중심에 있습니다. 북위 약 36도의 서울에서 북극성은 지평선으로부터의 고도가 약 36도이지만, 적도에서는 지평선(고도가 0도)에, 북극점에서는 관측자의 머리 위(천정, 고도가 90도)에 있습니다. 하늘의 다른 모든 천체와 달리 북극성이 북쪽 하늘에 고정되어 보이는 이유는 북극성이 매우 특별한 별이라서가 아니라 단지 지구의 자전축을 연장한 가상의 선 위에 북극성이 있기 때문입니다. 지구의 자전축은 약 26,000년 주기의 세차운동을 하는데 현재 지구 자전축을 연장한 선이 북극성과 만나지만, 13,000년 후에는 직녀성과 만납니다. 그때는 직녀성이 일주 운동의 중심이 됩니다. 태양이 하루 동안 동에서 서로 이동하는 운동은 지구의 자전에 의한 것이며 연중 지평면 위에 태양의 이동면이 움직이는 현상은 지구가 공전하면서 지구의 자전축이 기울어진 방향이 계속 변하기 때문에 발생합니다. 이러한 태양의 겉보기 운동은 정지해 있는 차 안에 있는 관측자가 앞서가는 다른 차를 보면 마치 관측자의 차가 뒤로 이동하는 것으로 느끼는 경우와 같습니다.

이와 같이 태양은 위도에 따라서 지표면에 입사하는 각도가 달라지며, 계절에 따라서 지구의 자전축이 태양과 이루는 각도 역시 변화하여 낮의 길이가 길어지기도 하고(하지), 짧아지기도 합니다(동지).

백야White night란 태양이 24시간 동안 지평선 위에 머물러 있어 낮이 지속되는 현상으로 여름철 극지방에서 일어납니다. 해가 지평면 아래로 지더라도 지평선 아래 18도 이하로 내려가지 않으면 대기 산

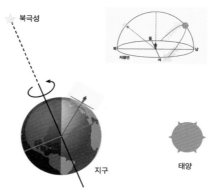

북반구 동지(12월 21~23일 사이)일 때 지구와 태양의 위치와 지평좌표계에서 표현된
북반구 중위도에서 관측자가 바라보는 북극성의 위치와 태양의 움직임.

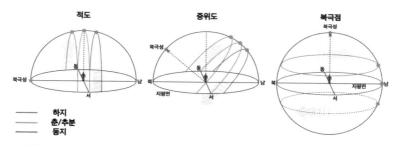

북반구 위도가 다른 세 지역에서 낮 동안 태양의 움직임. 북극성의 고도는 관측자의 위도와 같고
태양은 북극성을 중심으로 동에서 서로 이동한다.

란과 굴절에 의해 그 부근의 하늘이 밝게 보이는데 이 기간까지 백야
로 포함하는 경우가 있지만, 백야의 의미에 대한 혼선을 피하고 극야
와 일관성 있는 정의를 위해 여기서는 태양이 가장 낮게 뜨는 자정에
태양의 고도각이 0도 이상인 기간만을 백야라고 정의하겠습니다.

반면에 극야Polar night는 하루 중 태양이 가장 높이 뜨는 정오에도
태양이 지평선 위로 뜨지 않아, 밤이 24시간 지속되는 겨울철 극지방

에서 볼 수 있는 현상입니다. 백야와 극야는 어떻게 발생을 하게 되는 것일까? 이는 구형의 지구가 위도에 따라서 태양빛을 다른 각도로 받으며 자전을 한다는 사실에 초점을 맞추면 이해를 할 수 있습니다. 그림에서 표현한 바와 같이 태양이 낮 시간 동안 움직이는 경로는 연중 하지와 동지 사이에서 변합니다. 따라서 적도나 중위도 지역에서 태양은 항상 동에서 뜨고 서로 지는 일을 1년 동안 계속합니다. 그러나 북극점이나 남극점에서의 태양의 운동은 지평면에 나란한 방향으로 이루어지는데, 하짓날 태양은 지평선 아래로 지지 않은 채 24시간 동안 일주 운동을 합니다. 일주 운동이란 천구상의 모든 천체가 지구의 자전에 의해 동에서 서로 움직이는 운동을 말합니다. 하지를 지나면서 태양은 점차 지평면 방향으로 이동하여 추분날 태양은 지평면을 따라 이동합니다. 추분이 지나면 태양이 지평선 위로 뜨지 않는 극야가 시작되며 동짓날 태양이 지평선 아래 가장 낮은 고도에서 일주 운동을 하며 극야는 정오에 태양이 지표면 위로 나타나기 시작하면서 끝이 납니다. 이때부터 태양은 다시 동에서 뜨고 서로 지는 일주 운동을 합니다.

겨울철에 해가 지평선 위로 전혀 뜨지 않는 극야와 여름철에 해가 지평선 아래로 지지 않는 백야는 어디를 가야 경험할 수 있는 것일까? 반드시 극점에 가야만 경험할 수 있을까? 이를 간단하게 이해하는 방법은 여름철과 겨울철 지구에 들어오는 태양빛이 지표면에 닿는 각도를 그림으로 표현하는 것입니다. 6월 22일 부근에는 북반구의 낮이 가장 긴 하지가 됩니다. 이때 태양 고도는 적도가 아닌 북위

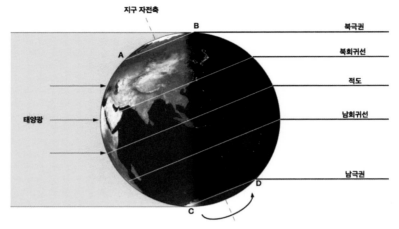

북반구 하지인 6월 22일 경 지구의 서로 다른 위도에 입사하는 태양광. 북극권보다 높은 위도는 하루 종일 해가 지지 않는 백야가, 남극권보다 위도가 높은 지역에서는 해가 전혀 뜨지 않는 극야가 생긴다.

23.5도에 위치한 곳에서 정오에 가장 높아 태양의 고도각이 90도, 즉 관측자의 머리 위(천정)에 위치합니다. 6개월 뒤, 12월 22일 부근인 동지에는 남반구 위도 23.5도에 위치한 곳에서 태양이 관측자의 머리 위에 있게 됩니다. 하지와 동지에 태양이 정오에 고도각이 90도가 되는 지역들은 남, 북반구 위도 23.5도에 있으며 이 위도선을 각각 남회귀선, 북회귀선이라고 합니다.

관측자가 북극권인 북위 66.5도에 서 있다고 가정을 했을 때, 정오에 A에 위치하게 되며, 12시간 뒤인 자정에는 B에 있게 되는데, 이 순간에도 태양은 여전히 지평선 아래로 내려가지 않은 상태에서 관측자의 눈에 보이게 됩니다. 반면에 남극권 남위 66.5도에 있는 관측자는 정오인 C에서 지평선에 걸쳐있는 태양을 보게 되며, 자정인 D에서 태양이 진 밤을 맞이하게 됩니다. 즉 여름과 겨울에 경험하는 백야와 극야는 북극권/남극권 보다 고위도 지역에서 일어납니다. 따라서 남위 74.5도에 있는 장보고기지에서는 백야와 극야를 경험하지만, 남위 62.2도에 있는 세종기지에서는 여름과 겨울에 낮과 밤의 길이가 크게 변하긴 하지만 백야와 극야는 일어나지 않습니다.

장보고기지 기상

장보고기지에서의 기상관측은 2010년 2월부터 시작되었습니다. 당시는 남극제2기지 후보지 중 하나였던 지금의 장보고기지를 정밀 조사했던 시기로 기상정보 수집을 위해 무인자동기상관측시스템 AWS, Automatic Weather Station이 설치 운영되었습니다. 기지 건설이 완료된 후 본격적인 기상관측은 2014년 4월 11일부터 이루어졌으며, 같은 해 8월 세계기상기구에 정식 기상관측소로 등재(WMO Index No. 89859)되었습니다. 2014년 4월 11일부터 12월까지 측정된 기온 자료에 의하면 최고 기온은 섭씨 7도(12월)까지 상승하였고, 극야 기간이 포함된 5월에서 8월의 최고 기온은 섭씨 영하 11.6~영하 4.7도이었습니다. 반면, 최저 기온은 영하 35.8도(7월)이었으며, 4월에서 8월까지 매월 최저기온은 영하 30도 이하였습니다. 평균적으로 7월의 기온이 가장 낮았으며, 최저 체감 온도는 약 영하 50도(7월) 이었습니다. 바람은 세종기지의 풍속의 절반 또는 그 보다 조금 센 정도인데 앞에서 얘기한 것처럼 지형적 특징 때문입니다. 참고로, 장보고기지에서 30킬로미터 떨어진 곳에 위치한 인익스프레서블 섬은 활강풍의 영향을 직접 받는데, 미국에 의해 운영되는 AWS 자료를 분석해 보면 장보고기지에서는 바람이 없는 기간에도 이곳은 활강풍의 영향으로 강한 바람이 불었습니다. 활강풍의 영향은 덜 하지만, 남극과 호주 및 뉴질랜드 사이의 남빙양에서 그리고 로스 해에서 발생한 저기압이 장보고기지가 위치한 북빅토리아랜드로 다가오면 내륙으로부터 강한 바람이 불었으며, 풍속에 따라 지면에 쌓인 눈이 날려 구름이 없는 맑은 날이라도 시정이 몹시 나빠지기도 하였습니다. 그런 경우를 제외하면 대륙 고기압의 영향으로 며칠 동안 바람이 불지 않은 날이 많았습니다. 풍속의 경우, 8월(초속 6.2미터)과 9월(초속 5.2미터)을 제외하면 월 평균 풍속은 초속 5미터 이하로 약했습니다.

4월부터 12월까지 맑은 날은 8월에는 4일로 가장 적었고, 6월과 12월에는 18일로 가장 많았습니다. 장보고기지에 자주 나타나는 구름은 중층운인 고적운과 고층운 그리고 상층운인 권운 계열이 많았습니다. 가끔 인익스프레서블 섬 주변 폴리냐에서 발생한 하층운이 간헐적으로 유입되기도 하였습니다. 특이한 구름으로는 렌즈구름이 비교적 자주 나타났으며, 극야 전후에는 채운이, 극야 후에는 진주운, 야광운이 나타나기도 하였습니다. 또한 무리해도 가끔씩 나타났으며, 보기 드문 천정호도 두 차례나 나타났습니다. 눈이 내린 기간은 매월 10일 전후였으나, 8월에는 17일로 가장 자주 내렸습니다. 하지만 눈의 양은 적었고, 또한 건설$^{dry snow}$이기 때문에 건물 뒤나 지형적인 영향이 있는 곳을 제외하면 바람이 강하게 불면 모두 날리어 쌓이지는 않았습니다. 2015년에는 2014년과 다른 기상현상을 보였는데 이는 해마다 큰 변동을 보이는 남극 기상 고유의 특성 때문입니다.

활강풍

해가 없는 극야나 밤에 구름이 없으면 표면은 대기로부터 들어오는 장파복사보다 자신이 방출하는 장파복사의 양이 많아 표면은 차가워집니다. 그러면 바로 위의 공기는 전도에 의해 표면으로 열을 빼앗겨 역시 차가워지는데 그 결과 대기는 지면에서 멀어질수록 온도가 높은 대기 역전 현상이 일어납니다. 이런 역전의 강도는 겨울에 더 강합니다. 만약 이 역전 현상이 경사면에 일어나면 경사면 근처의 차가운 공기는 밀도가 큰 공기로 변하고 중력에 의해 경사면을 따라 아래로 이동하는데 이를 활강풍이라 합니다. 남극 연안에서 부는 강한 활강풍은 남극내륙에서 시작됩니다. 이 활강풍의 속도와 방향은 빙하의 모양(경사, 폭, 깊이, 방향 등)이 중요합니다. 그래서 남극의 지형 조사만으로도 어느 지역에서 바람이 강한가를 대체로 알 수 있습니다.

활강풍이 부는 방향에는 지구 자전에 의해 발생하는 전향력(남반구에서는 바람의 왼쪽으로 작용)도 중요한 역할을 하여 내륙에서 연안으로 흐르는 빙하의 방향보다 왼쪽으로 10~50도 치우쳐 불게 됩니다. 그래서 남극대륙 연안 지상 근처에서의 바람은 평균적으로 동풍 계열입니다. 반면에 남극대륙 주변 상공에서의 평균 바람은 서풍입니다. 이 역시 전향력 때문입니다. 빙하를 타고 내려가면서 공기는 계속 열을 뺏겨 기온은 10~20도 가량 더 낮아집니다. 경사가 급하지 않은 내륙에서 불기 시작할 때는 풍속이 약하지만 연안에 가까워짐에 따라 경사가 더 급해지고, 출발 지점이 달랐던 공기들이 합쳐져 바람의 속도는 더 강해져 일반적으로 초속 10미터에 이릅니다. 특히, 연안 근처의 차가운 공기들이 모이는 지역이 존재함에 따라 활강풍은 더 강해지고, 지속적으로 불 수 있습니다. 테라노바 만 폴리냐를 만드는 그 바람처럼 말이죠.

한편, 활강풍의 깊이는 표면으로부터 수십 또는 수백 미터 내에서 일어납니다. 그래서 활강풍에 의해 날린 눈으로 시정은 매우 나쁘지만 하늘은 맑습니다. 활강풍은 꼭 극지에만 나타나는 것은 아닙니다. 저위도나 중위도 산에서도 밤에 나타날 수 있습니다. 다만, 극지의 경우 낮에도 나타날 수 있으며, 하루 종일 부는 경우도 있습니다. 특히, 빙하를 따라 불기 때문에 한 방향으로 지속적으로 부는 것이 특징입니다. 만약 활강풍이 저기압의 접근으로 두 지점 간 기압 차이를 크게 하는 힘과 합쳐지면 풍속이 초속 50미터 내외의 강한 바람이 불고, 눈보라를 동반하면서 시정이 현저히 내려가는 경우가 있는데, 이와 같이 눈을 동반하는 바람을 블리자드라고 합니다. 블리자드에 대한 세계기상기구의 기준은 정해져 있지 않지만, 미국의 경우는 강한 눈보라를 동반하는 매우 차가운 강풍으로 풍속이 초속 14미터 이상이며, 시정이 약 150미터 이하인 경우를 블리자드라고 부르

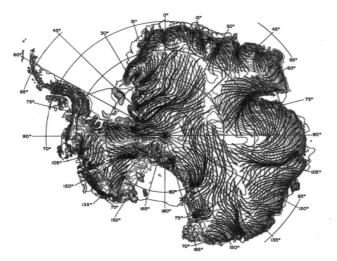

남극대륙의 지상 바람의 방향(Parish & Bromwich(1987)에서 인용)

고 있습니다.

한편, 쌓인 눈이 바람에 의해 지면 부근을 떠다니지만 눈높이의 수평시정을 현저히 감소시키지 않는 현상을 '땅 날린 눈'이라 부르며, 지면에 쌓인 눈이 높게 날려 눈높이의 수평시정을 상당히 감소시키는 현상을 '높이 날린 눈'이라고 합니다. 세계기상기구에서는 눈높이(약 2미터)에서의 수평시정이 11킬로미터 이하의 경우를 높이 날린 눈이라고 하고 시정이 그 이상인 경우를 땅 날린 눈이라고 합니다. 높이 날린 눈이 강설과 동시에 나타나는 경우도 있는데, 이를 눈보라라고 합니다. 장보고기지에서도 눈보라가 있을 때는 수평시정이 200미터까지 감소하며, 바람이 초속 20미터 이상 불면 앞을 볼 수 없는 경우가 많으며, 이때는 야외활동은 전혀 할 수가 없습니다.

남극저층수와 테라노바 만 폴리냐

겨울철 그린란드와 함께 남극대륙 주변의 일부 지역은 전 세계 해양의 열염분 순환을 일으키는 무겁고 차가운 심층수의 발원지입니다. 남극에서 만들어진 이 심층수는 전 세계 해양에서 가장 무겁습니다. 남극대륙 주변 표층에서 형성된 무거운 물은 깊은 바닷속으로 가라앉는 동안 주변의 물과 섞여 남극 저층수를 이루고, 해저 바닥을 따라 퍼져나가는 것이 기본 과정입니다. 남극 저층수는 세계의 해양으로 멀리 퍼져나가 깊은 바다의 온도를 섭씨 약 0도에 머무르게 하며, 이동하는 중에 위쪽의 보다 따뜻한 물과 섞여 따뜻해지는 열에너지의 재분배 과정을 통해 지구 기후계에 중요한 역할을 합니다. 남극저층수는 표층수가 낮은 수온과 높은 염분으로 인해 해저 바닥까지 가라앉을 만큼 밀도가 높아질 수 있는 웨델 해, 로스 해, 아델리 연안 그리고 최근 발견된 단리 곶에서 형성되는 것으로 알려져 있습니다. 이 저층수 형성에 폴리냐와 빙붕이 중요한 역할을 합니다. 특히, 해빙이 성장하는 과정 동안 방출되는 염분이 남극저층수 형성에 중요한 역할을 하는데 로스 해의 테라노바 만에 존재하는 폴리냐에서 만들어지는 무겁고 염도가 높은 물이 그중 하나입니다. 이런 물이 만들어지는 데에는 폴리냐 내에서의 해빙 생성 및 제거가 매우 중요한 역할을 합니다.

폴리냐는 극지방의 해빙 안에 존재하는 얼지 않은 넓은 바다를 가리키는데 러시아어로 '자연발생 얼음 구멍'을 뜻합니다. 19세기 극지 탐험 시대에 차용된 이후 널리 사용되어 오고 있습니다. 폴리냐는 두

가지 과정에 의해 형성되는데 첫째는 따뜻한 물이 용승하여 얼음을 녹여 형성되는 경우와 두 번째는 내륙에서 연안지역으로 불어 나가는 강한 바람이나 해류에 의해 얼음이 깨어져 나가 형성되는 경우가 있습니다. 테라노바 만 폴리냐는 두 번째 과정 특히 강한 활강풍에 의해 만들어집니다. 또한 이 폴리냐의 남쪽에 위치한 드라이갈스키 빙설도 중요한 역할을 합니다. 내륙에서 부는 강한 활강풍은 폴리냐에서 새롭게 만들어진 해빙을 동쪽으로 지속적으로 이동시키며, 남쪽에 위치한 드라이갈스키 빙설은 폴리냐 남쪽에서 생성된 부빙이 폴리냐 방향인 북쪽으로 이동하는 것을 막습니다. 대기에 비해 상대적으로 따뜻한 폴리냐(폴리냐가 얼지 않은 바다임을 기억하면 겨울에는 대기보다 기온이 훨씬 높다)는 많은 열을 대기로 빼앗겨 빠르고 지속적으로 해빙이 형성됩니다. 그리고 이 해빙의 성장 과정에서 방출된 염분으로 주변의 아직 얼지 않은 차가운 표층수는 더 무거워져 가라앉게 됩니다.

무리와 천정호

장보고기지가 위치한 남극 상공은 낮은 기온으로 인해 대기 중의 수증기가 물방울 형태가 아닌 빙정(얼음결정) 형태로 존재하게 되면서, 독특한 형태의 기상현상을 목격할 수 있습니다. 2014년에 천정호와 함께 무리가 극야 전 한 번, 극야 후 한 번 나타났습니다.

무리는 대기 중에 떠 있는 빙정에 의해 햇빛이나 달빛이 빙정을 통

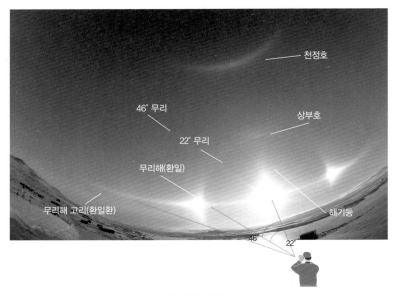

천정호와 무리 그리고 관찰자

과할 때 굴절과 분산되어 나타나는 광학현상입니다. 햇무리, 달무리의 무리가 그 무리입니다. 무리를 종류별로 자세히 살펴보면, 우리가 일반적으로 무리라고 부르는 것은 22도 무리를 말하는데, 보통 지상에서 쳐다보았을 때 시야각이 약 22도인 원을 말합니다. 원 내부는 외부보다 약간 어둡게 보이며, 안쪽은 붉은색, 바깥쪽은 노란색을 띱니다. 드물게 46도 무리가 나타나는 경우도 있는데, 이것은 빛의 굴절이 더 클 때 나타납니다.

무리해도 빙정에 의한 굴절현상이며, 빛이 직경이 30마이크로미터 이상인 육각판상모양의 빙정을 통과할 때 만들어집니다. 무리해의 모양은 마치 태양이 반사된 것처럼 태양의 양쪽 또는 한쪽에 나타나게 되는데 일반적으로 무리해는 태양의 고도가 60도 이하에서 나타납니다.

천정호는 태양의 위쪽 천정 부근에 무지개와 같은 빛의 띠가 나타나는 현상인데 "거꾸로 생긴 무지개" 또는 "하늘의 미소"라고 불리기도 합니다. 매우 희귀한 현상으로 무리해를 형성하는 것과 같이 대기 중에 육각판상모양의 빙정이 존재하면 나타납니다. 보다 자세한 내용은 http://www.atoptics.co.uk/를 참조하세요.

장보고기지에서 목격된 구름의 발생원인

남극은 여름철 등 일부 기간을 제외한 대부분의 기간동안 일정 높이까지 지표면으로부터 높아질수록 기온이 증가하는 안정한 대기층이 형성되어 수직 방향으로 대기가 섞이지는 않습니다. 다만, 바람이 강하게 불면 지면과의 마찰에 의해 생성된 난류에 의해 위아래 공기가 섞이거나 수평 이동 중 산 등을 만나면 산을 타고 바람이 위로 올라가다 내려오기도 합니다. 장보고기지에서 자주 목격된 렌즈구름은 후자에 의해 발생합니다.

수증기를 머금은 지면 근처의 바람이 높은 산을 만나게 되면 산을 타고 상승합니다. 산꼭대기를 지난 바람은 이동 속도에 의해 처음에는 더 상승하지만 주변보다 무거워 중력에 의해 아래로 내려옵니다. 하지만 너무 내려온 공기는 주변보다 가벼워 부력에 의해 다시 상승하고 이런 식으로 상하 운동이 반복되는 데 이것이 파동입니다. 이 파동은 높이별로 속도와 방향이 달라 소용돌이가 만들어지고, 렌즈구름은 이 파동의 능 부분에서 만들어집니다. 이 구름은 바람 속에 존재하는 수증기가 파동의 능 부분의 낮은 기온에 의해 응결되어 만들어진 것입니다. 반면에 골 부분에서는 기온이 상대적으로 높아 구름은 증발에 의해 사라지게 되어 바람이 강하게 부는 경우에도 움직이지 않고 한 곳에 정지한 것처럼 보입니다. 수증기 양이 많고, 바람이 강하여 파동이 길게 생길 경우 산에서 꽤 멀리 떨어진 곳에 렌즈구름의 대열이 일정하게 반복된 모양이 생겨나기도 합니다.

장보고기지의 극야기간 기온이 영하 30도 이하로 떨어지는 경우, 성층권 기온은 영하 70~80도까지 떨어집니다(2015년 라디오존데 관측 결과). 이러한 극저온의 대기 상태에서 독특한 형태의 구름들이 나타나는데, 장보고기지에서는 자개구름(혹은 진주구름)과 야광운이 목격되었습니다. 구름은 대류권에서 나타나는 것이 일반적이지만, 극지에서는 대류권 윗부분인 성층권에서도 구름들이 생겨나고 보입니다. 극성층권 구름으로 알려져 있는 자개구름은 지상 15~25킬로미터 사이의 성층권에서 나타나며 보통 위도 50도 이상인 지역에서 주로 관측됩니다. 크게 두 종류의 구름이 생성되는 데 일반적으로 자개구름으로 알려진 구름은 물로 이루어진 얼음 결정으로 이루어져 있고, 나머지 한 종류는 물, 질산, 황산 등이 혼합된 얼음으로 이루어져 있습니다. 극성층권 구름의 입자가 성장해서 커지고, 그 수가 충분히 많을 때 햇빛을 받으면 구름과 같은 모습을 보이는데 그 색깔 때문에 자개구름 또는 진주구름으로 불립니다. 그런데 이 아름다운 구름이 오존 홀을 만드는 데 중요한 역할을 합니다. 그 과정은 뒤에서 소개됩니다.

극중간권 구름으로 알려져 있는 야광운은 지상으로부터 고도 약 80킬로미터 높이인 중간권에서 만들어지는 구름인데 우리가 육안으로 볼 수 있는 가장 높은 고도에서 발생되는 구름입니다. 고도에 따른 기온의 변화를 살펴보면 이 높이의 기온이 가장 낮습니다. 야광운은 직경이 0.1마이크로미터의 매우 작은 빙정으로 이루어져 있습니다. 이 빙정에 의해 햇빛이 산란되어 진주 빛깔의 야광운을 볼 수 있습니다. 야광운이 만들어지기 위해서는 수증기, 수증기가 빙정으로 존재하기 위한 극저온(영하 약 120도) 그리고 수증기가 성장할 수 있는 핵이 필요합니다. 수증기가 중간권과 같이 낮은 압력에서 얼음이 되기 위해서는 기온이 매우 낮아야 합니다. 중간권에 존재하는 수증기가 어디에서 왔는가는 불확실합니다. 중간권은 매우 건조한데 아마도 대류권으로부터 대기 중력파에 의해 수송될 수 있습니다. 다른 발생 원인으로 메탄이 지목됩니다. 메탄은 성층권에서 수산기(OH)와 반응하여 물 분자를 만듭니다. 핵 또한 그 생성 원인 불확실합니다. 운석의 먼지로부터 왔었을 수도 있고, 화산이나 대류권 먼지도 가능성으로 언급됩니다. 장보고기지의 위치가 남위 75도 부근에 위치하고 있어서 야광운을 볼 수 있는 지역에 속하여 여명에 나타난 아름다운 광경을 감상할 수 있는 기회를 가질 수 있습니다.

성층권 구름과 오존홀

남극 상공에 오존홀이 생길 때 오존홀 내의 오존 농도는 평상시 농도보다 약 60퍼센트 이상 낮습니다. 이렇게 평소보다 오존 농도가 작아지는 이유는 남극 고유의 대기 및 화학 조건 때문입니다. 이 조건에는 염소 및 브롬(할로겐족 원소)을 포함한 기체의 성층권으로의 유입, 영하 78도 이하의 극저온 및 이로 인한 극성층권 구름의 형성, 그리고 남반구 중위도 성층권으로부터의 고립이 필요합니다. 할로겐 원소를 포함한 기체는 인간 활동 그리고 자연적으로 지구 표면 근처에서 방출됩니다. 이 기체는 대류권에서는 자연적으로 제거되지 않고, 대기 운동에 의해 열대 상공에서 성층권으로 유입됩니다. 그리고 성층권에서 대기 운동에 의해 극지로 수송됩니다. 성층권에서 이 기체들은 대류권보다 강한 자외선 및 화학 반응을 통해 HCl, $ClONO_2$, ClO, BrO, Cl, Br로 전환됩니다. 이 중 HCl과 $ClONO_2$는 오존과 직접 반응하지 않지만, ClO, BrO, Cl, Br는 직접 오존을 파괴합니다. 남극 오존홀 생성의 핵심 기체는 ClO인데 일반적으로 성층권에서 이 양은 많지 않습니다. 그런데 남극 겨울 동안 이 기체의 양이 증가를 하게 되는데 바로 극저온에 의해 발생한 극성층권 구름 때문입니다. 액체 및 고체 입자의 극성층권 구름의 표면에서의 화학 반응에 의해 ClO가 증가합니다. 양이 많아진 ClO는 극야가 끝나는 시기를 전후로 성층권에 자외선이 도달하는 늦겨울 및 이른 봄에 성층권 오존을 파괴합니다. 그런데 다른 지역 성층권에서의 오존이 유입이 되면 오존홀이 생기지 않습니다. 하지만 영하 78도 이하에서 만들어지는 극성층권 구름이 생겨나는 남극 상공의 극저온 조건은 남극을 중심으로 시계방향으로 강하게 회전하는 극와도를 만드는 조건도 되는데 이 강한 극와도가 남반구 중위도 성층권과 남극 성층권 간의 대기 움직임을 가로막아 중위도 오존의 유입을 차단합니다. 계절이 바뀌면서 남극 기온이 올라가 극성층권 구름이 더 이상 생겨나지 않을 시점에 극와도 또한 약해져 남극 성층권 오존의 농도는 오존홀 이전의 수준으로 돌아갑니다.

오로라

장보고기지에서 경험하는 특별한 자연 현상으로 빼놓을 수 없는 것은 밤하늘에게 아름다운 색의 옷을 입혀주는 오로라입니다. 장보고기지의 지리적인 위치가 오로라가 발생하는 오로라 대$^{Auroral\ Ova}$에 인접하여 맑은 날이면 거의 항상 오로라를 관측할 수 있습니다. 오로라를 보기 위해서는 캐나다, 노르웨이와 같은 북반구 고위도 지역을 방문하거나 남극대륙을 찾아야 합니다. 극지역에서 발생하는 오로라는 단순히 사람들에게 다양한 볼거리를 제공할 뿐만 아니라 매우 중요한 과학적 사실을 담고 있습니다.

태양으로부터 빛에너지 외에도 빠른 속도의 전기적 성질을 띤 전자와 양성자가 지구를 향해 날아옵니다. 태양풍이라고 불리는 이러한 입자들 중 일부가 극지역 상공 고층대기의 입자들과 충돌하여 발생한 빛이 오로라이며, 우리 눈에 관측됩니다. 오로라는 지상 100~400킬로미터 고도에서 주로 발생하며 태양으로부터 온 입자들과 충돌하는 대기의 성분에 따라서 다양한 색깔을 띱니다.

지구에 사는 수많은 생명들은 지구의 대기에 의해 보호를 받고 있습니다. 호흡에 필요한 산소가 대기 성분 중 21퍼센트를 차지하고 있으며 태양의 유해한 자외선은 성층권(고도 10~50킬로미터)에 있는 오존층에 의해 흡수됩니다. 지구의 대기는 또한 우주에서 날아오는 얼음이나 바위 등으로 구성된 유성을 마찰에 의해 소멸시켜 지표에 충돌하는 위험으로부터 우리를 지켜줍니다. 대기의 보호 없이 표면이 우주로 직접 노출된 달은 수많은 운석들에 의한 충돌의 상처인 크레이터로 가득합니다. 지구의 생명 유지에 반드시 필요한 것은 대기뿐만이 아닙니다. 태양을 비롯한 우주에서는 생물의 세포를 파괴하고 치명적인 질병을 유발하는 방사성 물질들이 지구로 날아오는데 지구의 자기장이 이들을 막아 지구 표면에 도달하지 못하도록 합니다. 지구의 자기장은 대기권 너머 우주를 향해 여행을 하다 보면 만나게 되는데, 그 모양은 마치 막대자석 주위에 철가루가 분포하는 형상과 유사합니다. 지구 자기장은 태양을 향한 면은 태양풍에 밀려 압축이 된 형태를 취하며, 태양 반대 방향으로는 긴 꼬리 형태로 펼쳐져 있습니다. 우주공간이나 대기 밀도가 매우 희박한 고층대기에서 양성자와 전자와 같은 전하를 띄고 있는 입자들은 자기장의 자기력선을 따라 움직이려는 성질을 가지고 있습니다. 즉 자기력선을 가로질러서 지나

지구 자기장은 극지에서 외부 우주로 열려있어 태양에서 날아오는 고에너지 입자들이
지구 자기력선을 따라 극지 고층대기로 유입된다.

갈 수 없는 것입니다.

지구의 양극에 있는 남극과 북극에는 막대자석의 양극에 철가루가 조밀하게 모이는 것과 같이 자기장이 수렴하여 지구 표면을 향해 있습니다. 오로라를 발생시키는 우주의 고에너지 입자(주로 전자)들은 바로 이 영역의 자기장을 따라 지구 대기 속으로 빠른 속도로 들어와서 대기 주요 성분인 산소, 질소와 격렬하게 충돌합니다. 이러한 충돌 결과 에너지가 높아진 산소와 질소는 낮은 에너지를 가졌을 때보다 불안정하여 일정한 시간이 지난 뒤에 보다 안정된 에너지 상태로 돌아오게 됩니다. 이러한 과정에서 산소와 질소 원자(혹은 분자)는 빛을 방출하는데 이것이 바로 오로라로 우리 눈에 보이게 됩니다.

오로라는 어떤 원소에서 나오는 빛인가에 따라서 그 색이 다르게 나타납니다. 상대적으로 낮은 고도(100~150킬로미터)의 산소 원자가 높은 에너지 상태에서 낮은 에너지 상태로 돌아오면서 방출하는 빛은

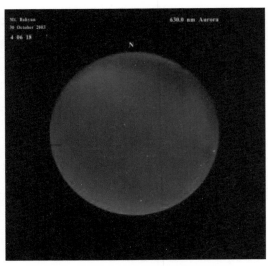

한반도에서 촬영된 적색 오로라. 2003년 10월 30일 보현산 천문대에 설치된 전천 카메라로 촬영

초록색으로 보이며, 대기의 밀도가 높고 초록색이 사람의 눈에 보다 민감하기 때문에 많은 오로라 현상에서는 초록색 오로라를 쉽게 볼 수 있습니다. 보다 높은 고도(150~250킬로미터)에서는 산소 원자에 의해 붉은색 계열 오로라가, 고도 약 400킬로미터에서는 질소 분자에 의해 분홍색의 오로라가 발생합니다. 오로라는 태양 활동에 따라서 색과 밝기, 그리고 발생 영역이 달라지므로 우주환경 예보 등을 통해 오로라 활동에 대한 대략적인 예측이 가능합니다. 태양 활동이 활발할 때에는 오로라를 관측할 수 있는 영역이 위도가 낮은 곳까지 확장되기도 하는데, 2003년 10월 30일 새벽에 중위도인 한반도 보현산 천문대에서 적색 오로라를 관측하기도 하였습니다.

오로라 촬영은 이렇게

오로라를 눈으로 관측하는 것도 좋지만, 사진으로 촬영한다면 눈으로 보는 모습보다 훨씬 감동적인 오로라를 경험할 수 있습니다. 사람의 눈은 매우 훌륭한 빛을 감지하는 기관이지만, 단점이 하나 있다면 빛을 모아둘 수 없다는 것입니다. 그래서 우리가 얼마나 오랫동안 눈을 깜박이지 않고 물체를 응시하는지와 무관하게 우리의 눈은 일정 밝기보다 어두운 물체를 볼 수 없습니다. 반면에 카메라는 피사체가 어두울 경우 셔터를 보다 오래 열어둠으로써 사진을 실제보다 밝게 촬영할 수 있다는 장점이 있습니다. 오로라가 아주 밝은 경우가 아니라면 우리의 눈으로 오로라의 색을 식별하기는 쉽지 않습니다. 실제 눈으로 오로라를 보면 밤하늘에 흩어놓은 뿌연 연기나 구름처럼 보여서 오로라를 사진으로 접하며 느꼈던 감흥이 깨질지도 모르겠습니다.

오로라는 밤하늘에서 일어나는 현상인 만큼 별 사진을 찍는 기법과 비슷한 방법으로 촬영을 하면 됩니다. 어두운 밤하늘을 사진으로 담기 위해서는 셔터를 오랜 시간 동안 열어두어서 빛을 많이 받도록 해야 합니다. 따라서 30초 이상 노출이 가능한 카메라(DSLR, 미러리스 등)가 구비되어야 하며 카메라를 고정할 수 있는 삼각대와 촬영하는 순간 카메라의 흔들림을 방지하기 위한 릴리즈가 필요합니다. 카메라의 렌즈는 오로라가 하늘의 매우 넓은 영역에서 나타나는 현상인 만큼 시야(화각)가 넓은 렌즈(광각 또는 어안 렌즈)가 좋습니다. 카메라의 감도를 나타내는 ISO는 800~1600 범위가 적절하며 숫자가 높을 수록 밝은 사진을 촬영할 수 있습니다. 카메라 모델마다 동일한 감도와 노출 시간(셔터 스피드)을 사용하더라도 사진의 품질이나 색감은 조금씩 다를 수 있습니다. 오로라 촬영 시 렌즈의 초점 조정은 수동으로 선택하여야 선명한 사진을 촬영할 수 있습니다. 밤하늘 사진 촬영 시 초점을 맞추는 일이 수월하지는 않습니다. 라이브뷰[*] 기능이 있는 경우 카메라를 밤하늘의 밝은 별을 화면을 향하게 한 후 최대한 확대하여 렌즈의 초점링을 좌우방향으로 적절히 돌려 별이 선명한 점의 형태가 되도록 합니다. 라이브뷰 기능이 없는 카메라는 뷰파인더를 통해 멀리 있는 불빛이 선명하게 보일 때까지 렌즈의 초점링을 조정하여 초점을 맞출 수 있습니다.

오로라는 기상 현상이 일어나는 대류권(지상 약 12킬로미터)에 비해 매우 높은 고도에서 발생하는 현상이기 때문에 흐리거나, 눈 또는 비가 오는 날에는 오로라를 관측할 수 없습니다. 오로라가 매우 밝은 경우가 아니라면, 달 밝은 밤도 오로라를 관측하기 좋은 조건은 아닙니다. 오로라가 극지역에서 해가 없는 시간에 나타나는 현상인 만큼, 기온이 낮다는 점도 고려해야 합니다. 기온이 낮은 환경에서는 카메라 배터리의 성능이 저하되어 촬영 가능한 사진 매수가 감소하게 됩니다.

남극을 둘러싼 국제 정세: 각국의 남극에 대한 관심과 남극조약

20세기 들어서면서 발견과 지리적 인접성을 근거로 남극대륙의 일

---

* 카메라 후면에 부착된 LCD를 통해 렌즈를 통해 들어오는 화면을 실시간으로 보여주는 기능

부가 자국의 영토에 속한다는 영유권 주장이 이어졌습니다. 1908년 영국의 남극반도에 대한 영유권 주장을 시작으로, 1923년 뉴질랜드, 1924년 프랑스, 1929년 노르웨이, 1933년 호주, 1940년 칠레, 1942년 아르헨티나의 주장이 이어졌습니다. 이런 영유권 주장에 대해 러시아는 자국의 탐험가인 벨링스하우젠이 남극을 최초로 발견했다고 주장하면서 다른 나라들의 영유권 주장을 부인을 해왔고, 미국, 일본, 벨기에, 폴란드, 브라질 등도 반대 입장을 표명하였습니다. 남극대륙을 둘러싸고 영유권을 주장하는 국가와 그렇지 않은 국가의 이해가 대립되었으며, 특히 남극대륙에 대해 중복적으로 영유권을 주장하는 영국과 남미의 칠레, 아르헨티나의 갈등이 심하였습니다.

한편 1957-58년 지구물리관측의해(IGY)는 이와 같은 갈등이 존재하는 지역에서 국제협력의 가능성을 보여준 계기가 되었습니다. 이 기간 중에 남극에 40여 개의 과학기지가 설치되었고 다양한 과학적 사실이 규명되었습니다. 이를 계기로 국제학술연맹 산하에 남극연구과학위원회가 구성되어 1958년 2월 헤이그에서 첫 회의를 가지게 됩니다. 미국은 1958년 5월 IGY 기간 중에 남극에 과학기지를 설치하고 활동한 11개국에 남극대륙을 과학적인 목적으로만 이용하자는 규약을 제안하는 내용의 유인물을 배포하였습니다. 이후 60회 이상의 회의를 거쳐 1959년 12월 1일 워싱턴 DC에 모여 남극조약을 체결하였습니다. 이들 12개국은 남극에 영유권을 주장하고 있던 영국, 노르웨이, 프랑스, 호주, 뉴질랜드, 칠레, 아르헨티나의 7개국과 영유권 주장을 할 수 있는 근거를 갖고 있는 것으로 여겨지는 미국, 러시

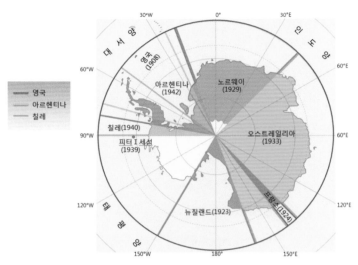

남극에서 영유권이 주장된 지역. 남극반도지역은 영국, 칠레, 아르헨티나가 중복해 주장하고 있다.

아 2개국과 기타 벨기에, 남아프리카공화국, 일본이며, 이들을 원초 서명국이라 부릅니다.

남극조약은 남위 60도 이남의 빙붕을 포함한 모든 지역의 평화적 이용과 과학연구의 완전한 자유를 보장하고, 남극대륙에 대한 기존의 영유권 주장을 동결하고 있습니다. 남극조약에 따라 평화적 목적을 위해서만 이용되어야 하며, 군사기지의 설치, 군사연습 및 무기실험 은 금지됩니다. 또한 남극에서는 모든 핵폭발 및 방사능 폐기물을 처 분할 수 없습니다. 이런 점에서 남극조약은 미국과 구소련이 첨예하 게 대립했던 냉전 시대 속에서 인류가 체결한 평화조약이며 핵확산금 지조약이라 할 수 있습니다. 다만, 과학조사를 위해 군인이나 군사 장 비는 사용할 수 있기 때문에 지금도 남미권 국가들은 군인이 상주하

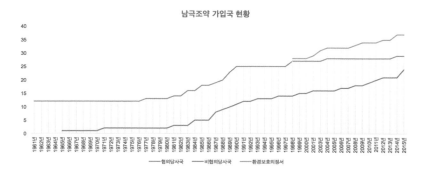

남극조약 가입국 현황

──협의당사국 ──비협의당사국 ──환경보호의정서

구분		국가명	국가수
협의 당사국	원초 서명국	아르헨티나, 호주, 벨기에, 칠레, 프랑스, 일본, 뉴질랜드, 노르웨이, 러시아, 남아공, 영국, 미국	12
	추후 가입국	폴란드, 체코, 네덜란드, 브라질, 불가리아, 독일, 우루과이, 이태리, 페루, 스페인, 인도, 중국, 스웨덴, 핀란드, 스웨덴, 한국, 에쿠아도르, 우크라이나	18
비협의 당사국		덴마크, 루마니아, 파푸아뉴기니, 쿠바, 헝가리, 오스트리아, 그리스, 북한, 캐나다, 콜롬비아, 스위스, 과테말라, 슬로바키아, 터키, 베네수엘라, 에스토니아, 벨라루스, 모나코, 포르투갈, 말레이시아, 파키스탄, 아이슬랜드, 카자크스탄, 몽골	24

남극조약가입국 현황

는 기지가 있습니다. 예로, 세종기지에서 약 10킬로미터 떨어진 곳에 칠레가 운영하는 공군 비행장이 있습니다. 세종기지에 들어가기 위해서는 칠레의 푼타아레나스에서 전세 민항기 또는 칠레 공군기 등을 타고 이곳에 도착 후 이동합니다.

12개 원초서명국과 후에 가입한 국가 중에서 과학기지의 설치 또는 과학탐사대의 파견과 같은 남극에서의 실질적인 과학연구활동을 통해 남극에 대해 관심을 표시하고 있는 국가를 남극조약협의당사국(ATCPs)이라 합니다. 남극조약에는 현재 12개 원초서명국을 포함한 28개 남극조약협의당사국과 22개 비협의당사국, 총 50개 국가가 가입하고 있습니다.

한편, 1982~1988년까지 남극광물자원개발을 위한 논의를 바탕으로 1988년 6월 2일 웰링턴에서 협약을 채택하였으나, 1985년 남극오존홀 발견, 1989년 1월 아르헨티나 보급선 바이아파라디소 호 좌초사고, 1989년 3월 알래스카에서의 엑손발데즈 호 원유 유출 사고 등에 영향을 받아 1989년 8월 호주와 프랑스는 남극광물자원활동 규제협약 폐기를 주장하게 됩니다. 1990-91년 네 차례의 특별회의를 통해 남극조약협의당사국들은 오히려 남극환경보호를 골자로 하는 '환경보호에 관한 남극조약의정서'(간단히, 남극환경보호의정서, 마드리드의정서로 불리기도 함)를 스페인 마드리드에서 채택하였습니다. 남극환경보호의정서는 남극환경 및 이에 종속되고 연관된 생태계의 포괄적 보호를 약속하고, 남극을 평화와 과학을 위한 자연보존구역으로 지정하기 위한 것으로 과학적 연구를 제외하고는 광물자원과 관련한 어떠한 활동도 금지하고 있습니다.